TRAITÉ THÉORIQUE ET PRATIQUE

DES

MÉTIERS A FILER AUTOMATES

Dits SELF-ACTING

PARIS. — TYPOGRAPHIÉ DE CH. MEYRUEIS ET Cie

RUE DES GRÈS, 11

MÉTIERS A FILER AUTOMATES

Dɪᴛs SELF-ACTING

PAR

ERNEST STAMM

EN VENTE

A PARIS	A COLMAR
CHEZ E. LACROIX, LIBRAIRE-ÉDITEUR	CHEZ SÉBASTIEN STAMM, NÉGOCIANT
Quai Malaquais, 15	Rue Pfeffel, 4

1861

A MONSIEUR

LE GÉNÉRAL PONCELET

GRAND OFFICIER DE L'ORDRE IMPÉRIAL DE LA LÉGION D'HONNEUR, MEMBRE DE L'INSTITUT, DE LA SOCIÉTÉ ROYALE
DE LONDRES, DES ACADÉMIES DE TURIN, DE BERLIN, DE SAINT-PÉTERSBOURG, DE FLORENCE, ETC., ETC.

HOMMAGE DE RESPECT ET DE RECONNAISSANCE

Général,

En daignant me faire l'honneur d'accepter la Dédicace de mon premier ouvrage, vous m'avez donné une nouvelle preuve de la bienveillance que trouvent en vous tous ceux qui aiment les recherches utiles. Pour ma part, je suis heureux que vous m'ayez laissé la possibilité de vous témoigner ici toute ma reconnaissance pour la bonté avec laquelle vous m'avez accueilli et encouragé dès mes premiers pas.

Je suis avec un profond respect,

Général,

Votre très dévoué serviteur,
Ernest STAMM.

28 avril 1861.

AVANT-PROPOS

Depuis quelques années, il s'introduit dans la filature des matières textiles, et principalement du coton, des mull-jenny dans lesquelles les opérations exécutées jusqu'ici manuellement par l'ouvrier fileur, sont effectuées automatiquement et permettent, par conséquent, de donner à ces machines des proportions dépassant de beaucoup celles que la force physique des ouvriers leur avait fait donner pour limites. — De nombreux spécimens de ces machines ont été remarqués aux deux expositions universelles, mais surtout à la dernière ; ces machines sont connues en France sous le nom de *métiers Self-Acting*, qualification qui leur vient de la langue anglaise, ou de *métiers automates*, ou encore de *mull-jenny renvideurs*.

C'est à cinquante ans *d'essais coûteux et de tâtonnements intelligents*, c'est surtout aux W. Strutt de Derby, aux W. Kelly de Lanarck-Mill, aux Eaton, aux Yongh, aux Richard Roberts, aux Platt, aux Parr-Curtis, aux Dobson et Barlow, etc., aidés d'un grand nombre d'ouvriers intelligents, qu'on doit d'avoir vu, en Angleterre, se réaliser le métier automate, la plus compliquée des machines connues. Payons donc à la ténacité du génie anglais le tribut d'admiration qui lui revient pour une des plus brillantes et des plus importantes créations mécaniques de ce siècle.

Depuis dix ans, des métiers dignes d'attention ont aussi été réalisés, en France et en Allemagne, par MM. N. Schlumberger, A. Koechlin, Stéhelin, Grünn, Dubus, Thouroude-Danguy, Weill, Rieter, Hoffmann, Issenmann, Ziegler, [illegible], Heller, Peters, Perrin, Arnoud. Nous citerons encore ici MM. Dollfus-Mieg et Cie, comme ayant le plus contribué à l'introduction de ces sortes de machines en France.

En fait de publications sur les métiers automates, nous n'avons trouvé jusqu'à présent que des descriptions de mécanismes dans lesquelles les difficultés sont passées sous silence, des brevets sur des dispositions spéciales et des prospectus munis de dessins.

Pour le métier automate, nous croyons donc être le premier qui établisse une théorie, c'est-à-dire quelque chose qui puisse transmettre à autrui les fruits de la longue expérience des praticiens. Aussi comptons-nous sur l'indulgence de nos lecteurs, et ferons-nous sans peine ressortir le degré de rigueur que nous avons pu atteindre pour laisser voir à d'autres les recherches qui resteront encore à faire.

Quant à l'histoire de ces machines, nous renvoyons tous ceux qui sont désireux de la connaitre, au beau travail fait par M. le général Poncelet sur l'Exposition universelle de 1851 [*].

[*] Ce travail est contenu dans le tome III des *Travaux de la Commission française sur l'industrie des nations*, publiés par ordre de l'Empereur.

MÉTIERS A FILER AUTOMATES

DITS SELF-ACTING

PREMIÈRE PARTIE

I

LE MÉTIER A FILER MANUEL ET LE MÉTIER AUTOMATE

1. Le métier à filer, qu'il soit manuel ou automatique, a pour but de transformer en fils, les rubans de coton (ou de toute autre matière) faits aux bancs à broches ou aux rota-frotteurs, en leur donnant leur dernier étirage et la torsion voulue.

Il est inutile de nous étendre ici sur la manière d'opérer l'étirage par des cylindres ou laminoirs; la figure 1 nous montre ces derniers en coupe, en *a, b, c;* le bâtis qui les supporte est représenté en *p* et s'appelle *porte-cylindres.*

Derrière ce porte-cylindres se trouve disposé un râtelier porteur des bobines venues des machines opératrices antérieures. On voit une de ces bobines en *d;* elle est enfilée sur une tige en bois munie d'un rebord à sa partie inférieure. Le tube de la bobine repose sur ce rebord. Cette tige est encore armée de deux pointes à ses extrémités : la pointe inférieure pivote sur une crapaudine fixée dans

2

une traverse *e*, et la pointe supérieure est passé? dans le trou d'une petite douille fixée à une autre traverse parallèle *f*, douille qui sert à maintenir la bobine dans la position verticale. Ainsi montée, la bob ne est folle et le déroulement est commandé par le simple tirage du fil, tirage opé é par les cylindres. — Le râtelier se compose, généralement, de plusieurs rangs de bobines établis sur plusieurs traverses dans des dispositions qui sont assez variées. Devant chaque rangée de bobines se trouve une baguette destinée à souter ir le fil ou plutôt la mèche dans son déroulement.

Soit, actuellement, une broche *g*, conique à sa partie supérieure, terminée en pivot à sa partie inférieure, tournant avec une extrême facilité sur une crapaudine et dans un collet, et munie entre sa crapaudine et son collet d'une *noie* ou petite poulie à gorge. On dispose ordinairemen 400 à 1,200 broches semblables suivant une ligne parallèle aux cylindres. Les crapaudines et les collets sont portés par des *plates-bandes* métalliques ajustées ur traverses en bois. — Soit encore un tambour horizontal parallèle à la ligne des broches et sur lequel, pour chaque broche, est passée une ficelle qui commande la noie de cette dernière comme une courroie. — Le système des broches et du tambour est monté sur un chariot dont la charpente principale se compose des longerons *h, i*, et qui est portée sur *rails* ou *patins* tels que *j*, par des roues *k, l*, dont les axes peuvent tourner dans un support *m n* sur lequel reposent et sont fixés ces longerons. Le même système de roues et patins se répète de distance en distance tout le long du chariot. Les patins sont horizontaux et dirigés dans un sens perpendiculaire à celui des cylindres; ils permettent au chariot de s'écarter et de se rapprocher du porte-cylindres en lui restant parallèle.

Les sommets des broches sont situés au-dessous du niveau de débit des cylindres débiteurs *a*.

2. Considérons actuellement le chariot à une distance quelconque mais fixe du porte-cylindres; attachons sans tension l'extrémité du fil à la broche, un peu au-dessus du collet, en *o*, puis imprimons-lui par les tambours un rapide mouvement de rotation. Supposons aussi un instant que les cylindres ne tournent pas. Cette situation est représentée dans la figure 2. — Par suite du mouvement rotatoire de l'angle que le fil forme avec l'axe de la broche, le fil va d'abord s'enrouler le long de cette dernière jusqu'à son sommet *r*. Si, avant ce moment, le fil arrivait à être perpendiculaire à la génératrice de la broche, il est évident que celle-ci enroulerait le fil et qu'après l'avoir tendu outre mesure elle le romprait. Mais si, lorsque le fil arrive au sommet, l'angle α qu'il fait avec l'axe de la broche est encore *obtus*, il arrive qu'à chaque tour de broche le fil passe par-

dessus le sommet et retombe dans la position qu'il avait avant ce tour. Si la rotation de la broche est rapide, le fil n'a même pas le temps de tomber, il pirouette sur le sommet et, par suite, se tord, sans trop de secousses, dans sa partie contenue entre le sommet de la broche et les cylindres.

3. Pour étirer et tordre simultanément, on voit qu'il suffit que, simultanément, les cylindres tournent, le chariot s'écarte et les broches tournent. L'ensemble de ces trois opérations s'appelle *sortie du chariot*. L'angle α diminue constamment dans ce mouvement de sortie, et, comme le fil forme en réalité une courbe (une chaînette), l'angle de son dernier élément vers la broche arrive à un certain moment à être droit et même aigu; dès lors il s'opère un enroulement qui rompt le fil : il y a donc une limite à l'écartement du chariot.

A l'instant où le chariot arrive à la limite de sortie fixée par l'expérience, il s'arrête, les cylindres cessent de tourner, mais les broches continuent leur rotation afin de compléter et surtout de répartir la torsion par une action qu'il n'est pas dans notre plan de décrire ici. Cette opération s'appelle *torsion supplémentaire*.

Quand on file des numéros élevés, on donne à cette torsion supplémentaire une vitesse double et on maintient dans le chariot, pendant cette torsion, un mouvement de sortie plus lent. Il en résulte simultanément un petit étirage par le chariot, qui s'appelle alors *étirage supplémentaire*.

Soient actuellement (fig. 1) montés sur le chariot avec des supports spéciaux, des arbres *s*, *u*, parallèles à la ligne des sommets de broches et munis chacun d'une série de *rabat-fils* ou pièces recourbées *v*, *x*. Les extrémités des rabat-fils de l'arbre *u*, sont traversées par un fil métallique appelé *guide-fil* qu'elles soutiennent parallèlement à cet arbre. Il en est de même des rabat-fils de l'arbre *s*. L'ensemble constitué par l'arbre *u* et les pièces qui lui sont solidaires est nommé *baguette*, et son guide-fil est disposé au-dessus des fils en fabrication. L'ensemble constitué par l'arbre *v* et les pièces qui lui sont solidaires se nomme *contre-baguette*, et son guide-fil est disposé au-dessous des fils en fabrication.

Nous avons laissé le chariot à l'extrémité de sa course et à la fin de la torsion supplémentaire. Au moment où cette dernière opération est terminée, on imprime aux broches un mouvement en sens inverse de manière à dérouler le fil qui, pendant la torsion, s'était enroulé sur la broche. En même temps les guide-fils, qui pendant les opérations précédemment décrites ne touchaient point les fils, se meuvent : l'un, celui de la baguette, s'abaisse pour guider le fil pendant le déroulement jusqu'à un certain point, c'est *l'abaissement de la baguette;* l'autre, celui de la contre-baguette, s'élève pour le tendre et l'empêcher de se *vriller*, ce qui résulterait de la détention du fil opérée par ledit déroulement; cette tension

s'opère au moyen de contre-poids tendant à faire tourner la contre-baguette.
On nomme *dépointage* l'ensemble de ces opérations. .

Après le dépointage se fait le *renvidage.*

Le chariot se meut vers le porte-cylindres, les broches tournent de nouveau *dans le sens de la torsion*, mais lentement et dans le but d'*enrouler* ou de *renvider* le fil tordu ou *fil-fait ;* en même temps la baguette se meut de manière à guider l'enroulement du fil sur la broche, et la contre-baguette continue à tendre.

Lorsque le chariot arrive au porte-cylindres s'opère l'*empointage.*

La contre-baguette *s'abaisse* et cesse de tendre, la baguette se *relève* et revient à sa position primitive au-dessus du niveau des broches et de la ligne droite qui va de leurs sommets aux points de débit des cylindres, les fils se réenroulent sur les broches jusqu'à leurs sommets, comme nous l'avons expliqué plus haut, les broches reprennent leur mouvement de torsion, les cylindres leur mouvement d'étirage, et le chariot son mouvement de *sortie.* Cette opération d'empointage se fait très rapidement.

La différence de niveau entre les sommets des broches et le niveau de débit des cylindres, la distance à laquelle le chariot se trouve du porte-cylindres au moment de l'empointage, c'est-à-dire à la fin de la rentrée du chariot, et la course totale de ce chariot, sont des dimensions fixées par l'expérience et qui permettent sans cesse un facile pirouettement des fils sur les sommets des broches.

Nous venons de décrire plusieurs ensembles d'opérations qui se répètent périodiquement.

Nous appelons *première période*, la sortie du chariot ;
  —   *deuxième période*, la torsion et l'étirage supplémentaires ;
  —   *troisième période*, le dépointage ;
  —   *quatrième période*, le renvidage ou la *rentrée du chariot.*

L'empointage n'est pas à compter comme une période, mais comme le passage de la quatrième à la première période.

On nomme *aiguillée*, l'ensemble des quatre périodes.

Nous appelons *évolution*, le passage d'une période à la suivante ; après la première période vient la première évolution, après la seconde période la seconde évolution, et ainsi de suite.

A chaque aiguillée le renvidage dispose sur la broche une *couche* de fil, la série de ces couches forme la *bobine* ou la canette, et l'on reconnaît que cette dernière, formant avec la broche un corps de révolution, permet un très rapide mouvement de rotation.

Les bobines une fois achevées sont enlevées des broches, et l'on en recommence de nouvelles. On appelle *levée*, l'ensemble des opérations ou aiguillées qui se font pour achever une série de bobines, et on appelle *faire la levée* ou *lever*, l'enlèvement des bobines finies.

4. La figure 3 représente la coupe d'une canette. On y remarque un petit tube C D, ordinairement en papier, qu'on enfile sur la broche avant de commencer la levée, et qui sert d'assise à la bobine. Les lignes E E', F F', G G'..... nous représentent les coupes des surfaces supérieures des couches successives de fil. On remarque que l'épaisseur de la première couche croît du sommet à la base, que cette croissance diminue d'une couche à l'autre, qu'elle devient nulle au point où commence à se former la partie cylindrique I J. On remarque aussi que, par sa constitution même, la canette, sans tourner sur elle-même, peut être dévidée par le simple tirage de son fil à son extrémité de dernière formation et dans la direction de son axe : condition absolue au prompt et facile dévidage des duites dans la navette du métier à tisser. La forme conique des couches permet d'ailleurs à la bobine de joindre à ce facile dévidage une certaine consistance qui lui est très nécessaire.

Chaque couche est constituée par une espèce d'hélice de fil *descendante* et une autre *montante* ou *ascendante*, ce qui fait que chaque couche est constituée par deux *couches partielles*.

5. Il existe de très nombreux systèmes de mécanismes pour donner aux différents organes opérateurs que nous venons de décrire, leur mouvement nécessaire. Pendant bien des années on ne savait donner ce mouvement d'une manière automatique que pour les deux premières périodes. Il en est résulté, comme nous l'avons fait entendre dans l'avant-propos, une limite supérieure de 400 au nombre des broches d'une machine, et des prix de fabrication plus élevés. On sait que ces métiers, *partiellement automatiques*, s'appellent *mull-jenny*. Les métiers dont toutes les périodes se font d'une manière automatique, sont employés avec succès depuis dix ans dans tous les pays. Il y en avait plusieurs à l'exposition universelle de 1851, et plus encore à celle de 1855. Aujourd'hui ces machines s'introduisent partout par la force de leur économie et sous l'empire de la concurrence. C'est à l'Angleterre que revient l'honneur de les avoir réalisées et appliquées.

Il y a bien peu de machines qui ont nécessité les mêmes efforts de création que le métier automate, car aucune n'offre moins de prise à l'analyse mathématique ; aucune, par conséquent, n'a laissé une aussi grande marge au tâtonnement. Nous en appelons pour cela aux inventeurs auxquels on doit ce métier, aux ingénieurs anglais qui ont peut-être tenté de créer pour cette machine une théorie comparable, comme justesse, à celle du banc à broches, par exemple. C'est que dans une canette chaque couche dépend, quant à sa forme, de beaucoup d'influences infiniment petites et insaisissables, et de la forme déjà acquise à la bobine par la totalité des couches précédentes. Il se fait ainsi, mécaniquement, une sommation de parties presque indéterminables à l'avance, sommation qui fait ressortir dans la bobine des défauts que l'on ne peut corriger que par un certain travail d'appropriation ou travail de tâtonnement qui consiste à diminuer ou à augmenter les influences insaisissables *à priori*, et dont on a reconnu les effets; *travail pour lequel une théorie ne peut que donner un flambeau mais pas un mètre.*

II

DÉFINITIONS ET CLASSIFICATIONS

6. Les mécanismes et organes qui composent le métier automate, sont de quatre espèces, savoir :

I. Les organes *opérateurs* qui sont les organes agissant le plus directement sur le produit en fabrication, et pour le mouvement desquels toute la machine est conçue. Les opérateurs sont, dans les métiers qui nous occupent, les cylindres étireurs avec leurs rouleaux *de pression* et *de propreté*, les bobines du râtelier, les broches, les baguettes.

Ces opérateurs ont, les uns des mouvements uniformes, les autres des mouvements variables.

II. Les *organes* ou *mécanismes spéciaux* ou *essentiels* qui sont destinés à donner aux opérateurs la variation de leurs vitesses, de leurs mouvements, et qui ne reçoivent des organes de la machine qui les commandent eux-mêmes que des mouvements uniformes.

Dans le *mull-jenny* cette variation était commandée par le fileur, c'est-à-dire manuellement. Les organes spéciaux ont donc constitué le premier problème du métier automate.

III. Les *organes* ou *mécanismes moteurs* ou *de transmission* qui sont constitués par les organes qui, depuis les poulies motrices, transmettent des mouvements uniformes aux mécanismes spéciaux et aux opérateurs à mouvements uniformes.

IV. Enfin, les *mécanismes distributeurs* qui sont ceux destinés à *arrêter* ou à *mettre en train* chaque partie de la machine aux moments voulus[*].

7. Nous appelons :
Sommet d'une couche, son cercle de plus petit diamètre, son extrémité supérieure G′, par exemple (fig. 3).

---

[*] Ces classifications rentrent dans nos idées sur la cinématique en général que nous publierons sous peu.

Base d'une couche, son cercle de plus grand diamètre, son extrémité inférieure G, par exemple.

Épaisseur d'une couche, l'épaisseur mesurée dans le sens perpendiculaire à l'axe de la broche.

Avance en un point d'une couche, son épaisseur en ce point mesurée dans le sens parallèle à l'axe.

Marche du sommet ou *de la base*, la distance des projections sur l'axe, des sommets ou des bases de deux couches consécutives.

Longueur d'une couche, la distance entre les projections de ses extrémités sur l'axe.

Marche de couche, la distance entre les milieux des longueurs de deux couches consécutives.

Lieu d'enroulement, le point, la place où le fil s'enroule à un moment quelconque.

Point d'enroulement, la projection sur l'axe du lieu d'enroulement.

Tête d'une couche, sa surface supérieure ou extérieure.

Tête d'une bobine, la tête de sa dernière couche.

Origine de la bobine, la projection sur l'axe de la base de la première couche, — ou, quelquefois, la base de cette première couche.

Sommet de la bobine, le sommet de sa dernière couche.

Altitude d'un point quelconque de la bobine, la distance entre la projection sur l'axe de ce point et l'origine.

Altitude d'une couche, l'altitude du milieu de sa longueur.

Fond de la bobine, la surface formée par ses bases de diamètres croissants.

Noyau de la bobine, le volume de bobine dont les bases de couche forment le fond, et dont, comme on le voit, les épaisseurs de couche vont croissant des sommets aux bases.

Corps de la bobine, le volume de bobine dont les bases de couche forment un cylindre.

Inclinaison de tête, l'angle de la génératrice d'une tête avec l'axe de la broche.

Inclinaison du fond, l'angle que la génératrice du fond fait avec l'axe de la broche.

Inclinaison d'enroulement, l'angle aigu que le fil forme pendant qu'il s'enroule, avec la perpendiculaire élevée sur l'axe de la broche au point d'enroulement correspondant.

_|_ *Module*, le rapport limite, en un point quelconque d'une couche, entre le nombre de tours de fil qui y passent et la portion de longueur de couche que ces fils embrassent. — On reconnaît *à priori* que le module est une expression de l'épaisseur. Nous reviendrons sur cette définition.

Rapport d'extrêmes, le rapport de l'épaisseur ou du module de base à l'épaisseur, ou au module du sommet d'une couche.

Epaisseur de bobine en un point de l'axe, l'épaisseur totale de la bobine en ce point, la différence du rayon extérieur de la bobine et du rayon de la broche en ce point.

Epaisseurs conjointes, les diverses épaisseurs de couche qui viennent s'ajouter bout à bout pour former par leur somme l'épaisseur de la bobine.

Etoile, le sommet de la broche.

Fil-fait, le fil qui, à un instant quelconque, est contenu entre la broche et les cylindres.

Pointe ou *aiguille,* la partie de la broche qui, à un instant quelconque, est contenue entre le sommet de la bobine et l'étoile.

Les volumes des diverses couches sont égaux puisqu'ils se composent chacun de la même longueur de fil, — l'aiguillée étant invariable.

8. On voit à l'aspect de la figure 3 que les couches successives de la canette forment des volumes coniques et creux superposés, dont les altitudes croissent; — que, pendant la formation du noyau, les inclinaisons de tête, les diamètres de base croissent, tandis que les sections de couche décroissent (les volumes de couche restant égaux) et que les rapports d'extrêmes décroissent aussi en convergeant vers l'unité. On voit enfin que ces inclinaisons de tête, diamètres de base, sections de couche et rapports d'extrêmes, restent à peu près constants pendant la formation du corps de la bobine.

III

ÉLÉMENTS DE LA DISPOSITION GÉNÉRALE DU MÉTIER AUTOMATE DE PARR-CURTIS, PRIS COMME EXEMPLE

9. Dans un métier automate, vu en plan, figure 4, on voit des cylindres étireurs **A** **B**, et un chariot porte-cylindres **C** **D**, qui sont parallèles. Les mécanismes qui transmettent les mouvements aux opérateurs sont disposés sur un système de bâtis **E** **F**, perpendiculaires aux porte-cylindres et au chariot, et situés vers le milieu de la longueur de ces pièces. Le métier paraît ainsi composé de deux machines attelées à un même appareil **E** **F**. Cet appareil s'appelle *têtière*. Dans le mull-jenny, la têtière est placée ordinairement à une extrémité de la machine. Dans le métier automate, on la dispose vers le milieu pour diminuer la longueur des transmissions intérieures depuis la têtière jusqu'aux cylindres et broches des extrémités.

On appelle *ailes du chariot* ou du *porte-cylindres*, les deux parties de droite et de gauche de la têtière; *grande têtière* et *petite têtière*, les deux parties de la têtière qui se trouvent derrière et devant le porte-cylindres. — Etre devant la machine, c'est être devant le front des broches, en face du côté de débit des cylindres.

10. La figure 5 nous représente, en élévation de côté, les éléments de la disposition générale de la têtière du métier automate de Parr-Curtis, métier que nous prenons ici comme exemple, en y faisant quelques modifications utiles à son intelligence.

En **A** **B**, nous voyons la coupe non détaillée du chariot en son milieu, c'est-à-dire en son *châssis* ou pièce de fonte dans laquelle s'emboîtent ses deux ailes.

Soient **C**, *l'arbre des broches*, porteur des appareils qui commandent directement les broches;

D, une poulie à gorge fixe sur cet arbre;

E, un tambour fou appelé *barillet*;

F, un second tambour fou appelé *virgule;*

G, une poulie folle à gorge;

H, l'arbre de la baguette ou simplement la baguette;

I, un ressort qui sollicite le relèvement de la baguette ou sa rotation suivant la flèche J;

K, une poulie folle disposée à la petite tétière;

L, deux poulies folles disposées à la grande tétière;

M, une grande poulie à gorge fixée sur un arbre N, et appelée volant;

O, une roue d'angle fixée sur l'arbre N;

P, une roue d'angle commandée par la roue O et folle sur l'arbre Q. — L'arbre Q commande le premier rang de cylindres et celui-ci les deux autres par des dispositifs non figurés;

R, une roue solidaire de la roue P;

S, T, deux roues intermédiaires commandées par la roue R;

U, une roue commandée par la roue T et fixée sur un arbre V, parallèle au porte-cylindres;

X, une poulie fixée sur l'arbre V;

Y, une poulie fixée à la petite tétière sur un arbre Z.

A', une corde passant sur les poulies X et Y et s'attachant au chariot par ses extrémités au moyen de tendeurs en B' et C'.

Le système X, Y, A', s'appelle, comme au mull-jenny, *main-douce,* parce qu'il remplace la main du fileur, qui autrefois faisait sortir le chariot.

Une corde sans fin passant sur les poulies M, L, G, D, K, L, M, relie la poulie D et, par suite, l'arbre C à la poulie M et à l'arbre N.

D', une roue ou pignon fixé sur l'arbre Z.

E', un secteur denté commandé par la roue D', tournant sur l'axe F'.

G', un levier fixé au secteur, suivant un de ses rayons, et armé d'un arbre fileté H', auquel est relié par un écrou I', qui peut se déplacer le long du levier G', un crochet J'.

L'arbre H' est muni à son extrémité supérieure d'une manivelle à poignée, K', par laquelle on peut le faire tourner et varier la distance du centre F' au crochet J'.

L', une chaîne attachée au crochet J' et allant s'enrouler autour du barillet E, auquel elle s'attache après un bouton par sa deuxième extrémité.

G^2, un nez ou pièce fixée à l'extrémité du levier G' perpendiculairement à ce dernier et munie d'une coulisse dans laquelle est assujettie par un écrou à oreilles, H^2, un tourillon qui peut, par sa disposition d'attache, être déplacé à la main dans toute l'étendue de la coulisse.

I', une poulie à gorge, folle sur l'axe de secteur, et solidaire d'une roue d'angle dentée K^2, qui engrène avec un pignon J^2, fixé sur l'arbre fileté H'.

M', deux espèces de poulies à gorge dont les gorges ont la forme d'une volute faisant quatre tours et présentant des rayons croissants puis décroissants. A chacune de ces poulies à gorge qui s'appellent *scroles* ou *escargots*, s'attache, au point de plus petit rayon, une corde. — Les deux cordes et les gorges sont disposées de telle façon que l'arbre N' des scroles tournant, l'une des cordes s'enroule et l'autre se déroule et que les vitesses d'enroulement et de déroulement sont toujours égales quoique variables.

L'une des cordes O', va s'attacher directement au chariot en un point P', après un tendeur. L'autre, Q', va d'abord passer sur une poulie folle R', disposée à la petite têtière, puis revient s'attacher devant le chariot, en un point S', également par un tendeur.

Le chariot se trouvant au bout de sa course, et par suite l'une des cordes de scroles se trouvant entièrement déroulée et l'autre entièrement enroulée, si l'arbre des scroles est mis en mouvement de rotation uniforme de manière à attirer le chariot, celui-ci revient vers le porte-cylindres avec une vitesse croissante jusqu'au milieu de sa course et décroissante depuis ce milieu jusqu'au porte-cylindres.

Le scrole et la corde qui tirent le chariot pour sa rentrée s'appellent scrole et corde tout simplement, tandis que les deux autres s'appellent *contre-corde* et *contre-scrole*.

T', levier disposé sous le chariot, s'articulant à un tourillon fixé au chariot en U', U' muni en avant d'un galet V', et, en dessous, d'un galet X', lequel, pendant les mouvements du chariot, roule sur une courbe Y' et le fait osciller. Ce levier s'appelle *levier de règle*. La courbe Y' s'appelle *guide* ou *règle*.

Z', levier recourbé, appelé *pousse-baguette*, fixé sur la baguette et s'articulant à son extrémité avec un levier à peu près vertical A^2, lequel est muni à sa partie inférieure d'une *échancrure* ou *encoche* ou coin B^2. L'extrémité inférieure C^2 de cet organe se prolonge à côté de la règle.

Ce levier A^2 est sollicité par un ressort dans le sens de la flèche E^2, et, dans la position où il est dans la figure, il s'appuie par son côté et au-dessous du coin B^2 contre le galet V'. Ce levier s'appelle *levier de liaison*.

D^2, est un nez fixé par terre et disposé de manière à être rencontré par l'extrémité C^2 du levier de liaison avant l'arrivée du chariot au porte-cylindres.

F^2, une chaînette dont une extrémité s'attache à l'extrémité d'un levier G^0, appelé *baisse-baguette*, fixé sur la baguette, et dont l'autre extrémité s'attache en un point de la virgule F.

Quelquefois le levier G° est remplacé par un arc de cercle sur lequel passe la chaînette F^s et au bout duquel cette chaînette est attachée.

11. Pendant la première période, l'arbre N est commandé par une poulie motrice montée sur lui; le volant ou la poulie à gorge M transmet le mouvement par sa corde à la poulie D et, par suite, aux tambours du chariot et aux broches; la roue P est, par un embrayage non figuré, rendue solidaire de l'arbre Q et, par suite, les cylindres sont commandés. La roue T est engrenée avec la roue U, et, par suite, le tambour X tourne, sollicite la corde A' et fait sortir le chariot. En même temps l'arbre Z, qui tourne, commande la levée du secteur qui, au début de la première période se trouve avoir son levier abaissé; le barillet E est fou, et, par un système à friction non figuré, tend à enrouler la chaîne L'; il n'en enroule évidemment que la quantité différentielle entre le mouvement du chariot et celui du point d'attache J'.

La baguette se trouve entièrement relevée, c'est-à-dire qu'elle a obéi à ses ressorts I, et qu'elle est arrêtée en ce moment contre un but ou buttoir non figuré qui limite son élévation.

La virgule est folle en ce moment, ainsi que les scroles qui ne tournent que par l'action du chariot sur leurs cordes.

Le levier de liaison est, comme nous l'avons déjà dit, appuyé contre le galet V', au-dessus du coin B^s, et le levier de règle oscille sans effet.

A la fin de la première période, c'est-à-dire lorsque le chariot arrive au bout de sa course, un système quelconque de mécanisme distributeur débraye la main-douce en écartant les roues T et U, c'est-à-dire en les dégrenant et, en même temps, rend la roue P folle sur l'arbre Q. Dès lors les cylindres et la main-douce sont arrêtés, la torsion seule continue, *la première évolution* est faite et la *deuxième période s'effectue.*

Quand une fois les broches ont fait le nombre de tours voulu pour la torsion du fil, un compteur L^s, disposé sur l'arbre N, met une seconde fois en jeu un mécanisme distributeur, lequel arrête la torsion et donne lieu à la rotation en sens contraire, de l'arbre N, et, par suite, de la poulie M, de l'arbre D, de l'arbre C et des broches; *c'est la seconde évolution.*

La virgule est un organe disposé de façon à être solidaire de l'arbre C tant que celui-ci tourne en un sens contraire à celui de la torsion. Il résulte de ce mouvement de détour que la virgule enroule la chaînette F^s, abaisse la baguette et effectue ainsi le dépointage à la troisième période. Par l'abaissement de la baguette, le levier de liaison s'élève et lorsque son coin B^s arrive au-dessus du galet V', il cède à l'action de la force E^s et passe sur le galet V'. En même temps et par l'action du passage du coin B², un mouvement distributeur est mis en jeu et celui-ci donne lieu immédiatement à la mise en mouvement des scroles et au débrayage de l'arbre N. *C'est la troisième évolution.*

On appelle d'ordinaire *secteur,* dans le métier automate, l'ensemble des pièces E', G', J', I', H', G², H², K', F', K², J², I².

Le barillet est disposé de telle façon qu'il devient solidaire de l'arbre C toutes les fois et tant que le chariot se meut vers le porte-cylindres. Dès lors, le chariot étant, dans la quatrième période, tiré par les scroles, — et le point d'attache de la chaîne L', en J', se mouvant dans le même sens mais moins vite, — il y a déroulement de cette dernière chaîne, rotation du barillet, rotation de l'arbre C des broches. Celui-ci, tournant de nouveau dans le même sens que celui de la torsion, est alors abandonné par la virgule qui redevient folle. Lorsque le chariot s'approche du porte-cylindres, le tourillon H² du nez G² du secteur vient presser de haut en bas la chaîne qui va au barillet et provoque par là une accélération de vitesse rotatoire dans le barillet.

Quand le point d'attache J' de ladite chaîne est déplacé par une action automatique au lieu de l'être par une action manuelle, cette action s'exerce sur la poulie I² qui, par les roues K², J², la transmet à l'arbre fileté H'.

Les oscillations du levier de règle, lesquelles sont commandées par la règle, se transmettent au levier de liaison et, par suite, à la baguette.

De la loi de rotation du barillet et de la loi d'oscillation de la baguette résulte la formation d'une couche de fil sur la broche. A chaque aiguillée, la règle et le point d'attache J' se déplacent suivant une certaine loi. Le déplacement de la règle se fait dans le sens vertical de manière à varier les altitudes des couches de la bobine; le mécanisme par lequel s'opère ce déplacement sera exposé dans l'un des chapitres suivants. Les aiguillées successives donnent lieu à la formation de couches successives et concentriques dont l'ensemble constitue une canette.

La quatrième période se termine quand le chariot arrive au porte-cylindres. L'extrémité C² du levier de liaison venant butter contre la pièce D² est repoussée, et dès lors le levier de liaison étant rejeté en arrière, de façon que son coin B² se retire de dessus le galet V', les ressorts I agissent et opèrent la relevée de la baguette. En même temps, un mécanisme distributeur mis en jeu par l'arrivée du chariot près du porte-cylindres, donne lieu au débrayage des scroles, à la remise en train de l'arbre N, à l'embrayage de la main-douce et de l'arbre Q qui commande les cylindres. *C'est la quatrième évolution.* — Le chariot, en sortant, libère de nouveau le barillet et la première période recommence.

Pour que le chariot soit arrêté avec douceur à la fin de la quatrième période, on dispose, derrière le porte-cylindres, des supports munis de tampons plus ou moins élastiques contre lesquels butte doucement le chariot et qu'on appelle sentinelles. — Pour arrêter le chariot à la fin de la première période, il y a également des supports buttoirs, mais il y a encore des encochements qui seront expliqués plus tard et dont le but est de rendre le chariot parfaitement immobile pendant la deuxième et la troisième période.

Nous venons de donner une idée des dispositions générales du métier automate. On comprend que ces dispositions peuvent être variées de très nombreuses manières, mais celles que nous donnons résument les principales.

Nous reviendrons plus tard sur les dispositions des poulies motrices et organes qui agissent sur l'arbre N dans un sens, pendant les deux premières périodes, sur l'arbre N en sens contraire, pendant la troisième période, et sur les scroles seulement, dans la quatrième période, pendant laquelle l'arbre N est fou.

IV

TRAITS D'UNION DE L'IDÉE A L'APPLICATION DANS LA FORMATION MÉCANIQUE
DES CANETTES AU MÉTIER A FILER

12. Peu après la création d'un mull-jenny, on a songé aux métiers à filer *continus* Nous allons voir d'abord comment on pourrait faire au continu, des canettes semblables à celles des mull-jenny.

Soient (fig. 6) F G, un bàtis de métier à filer continu; A, une broche; I, une ailette fixée sur la partie supérieure de cette broche; H, une paire de cylindres débitant le fil; B, un chariot à collets par lesquels passent les broches; K, un tube mince passé sur la broche et reposant sur le chariot B; C C, une pièce soutenant le chariot et le guidant dans son mouvement alternatif par ses deux nez D, E, engagés dans une coulisse verticale faite dans le bàtis; L, un galet monté sur un tourillon solidaire de la pièce C; Q R, une pièce horizontale susceptible d'un mouvement vertical guidé par deux nez T, U, engagés dans la coulisse verticale du bâtis; N, une platine ou pièce courbe susceptible de glisser le long de la pièce Q R et commandée par une vis agissant sur un écrou S, solidaire de cette platine; M, un rochet fixé sur la vis; P, un excentrique en rainure; V, un nez solidaire de la pièce Q R et portant, par un tourillon, un galet engagé dans la rainure excentrique de la pièce P.

Les cylindres débiteurs H, la broche A et l'excentrique P, sont animés de mouvements uniformes de rotation; le tube K s'appuie sur le chariot, qui s'appuie sur la platine N par le galet L; l'excentrique P imprime à la pièce Q R un mouvement de translation vertical alternatif, et cette dernière communique le même mouvement au chariot et, par suite, au tube K. Le fil, en se tordant par l'action de la broche, entraîne le tube dans son mouvement de rotation; ce tube a, par suite, à chaque instant, une vitesse de rotation égale à celle de la broche, moins celle nécessaire au renvidage du fil à cet instant. A chaque allée et venue de la pièce Q R, le rochet M butte par une de ses dents contre une pièce O, et tourne sur lui-même d'une quantité angulaire correspondant à l'intervalle de deux dents. Ce dernier mouvement donne lieu au déplacement de la platine N par l'action de la vis, et par suite à un changement de position relative des pièces C C et Q R. Il s'ensuit une variation dans l'altitude de la couche qui se forme à chaque allée et venue.

Le jeu de cette machine est fort simple. Comme elle ne fait point d'aiguillées (limitées), on peut varier entre des limites très écartées la longueur du fil d'une couche ou le volume d'une couche. Ce volume ne dépend que de la vitesse de rotation de l'excentrique P, relativement à la vitesse de rotation des cylindres débiteurs H. Les volumes des différentes couches seront équivalents, puisque pour chaque tour de l'excentrique P il se produit un même nombre de tours du cylindre H.

13. On reconnaît, *à priori*, que, quelles que soient les courbures de la platine et de l'excentrique, le fil s'enroulera toujours dans les mêmes conditions ; qu'il y ait des bosses, des creux sur la bobine, le fil sera toujours tendu et se renvidera toujours, puisque la bobine, par le fait même de ce qu'elle est traînée par le fil, enroule ce dernier au fur et à mesure qu'il se présente.

La loi de rotation de renvidage étant une *conséquence*, un *résultat mécanique* du fait de la traction de la bobine par le fil, on n'a point à s'en occuper pour le continu. Les seuls objets dont on ait à s'occuper sont la platine et l'excentrique, c'est-à-dire la loi de progression des altitudes de couche et la loi des vitesses du chariot pendant chacune de ses oscillations.

Nous pouvons cependant nous demander comment, une fois ces deux organes déterminés, on pourrait arriver à commander mécaniquement, directement, la rotation des bobines, comme cela se fait aux bancs-à-broches : Constater sur une bobine faite au continu dans les conditions précédentes, par voie d'expérience, la série des lois de rotation qui se sont produites dans le mouvement de la bobine pour la formation de la série des couches qui la constituent, et combiner ensuite un mécanisme qui puisse produire des mouvements rotatoires suivant ces lois successives, serait un procédé inapplicable, parce que la cinématique n'en est pas encore arrivée à ce degré de progrès qu'étant donnée une série de lois de mouvement rotatoire à effectuer dans les conditions du cas présent, elle puisse y répondre par une solution *praticable*. — Le procédé dont nous parlons paraît cependant le seul rigoureux, le seul embrassant dans sa construction ces éléments de la réalité, dont on ne saurait tenir compte dans un calcul ou dans une épure ; le seul, disons-nous, parce qu'il s'appuie sur l'expérience.

Ainsi, la platine et l'excentrique étant donnés, nous ne connaissons aucun mécanisme praticable pouvant donner lieu rigoureusement aux lois de rotation de renvidage correspondantes. Mais au moins, peut-on déterminer à l'avance une platine et un excéntrique ou, généralement, la loi des positions et des vitesses du chariot porte-broches? Non. Comment, en effet, pourrait-on tenir compte pour chaque couche, dans un tracé ou dans un calcul, de la compression et de la compressibilité du fil de cette couche et de l'ensemble des couches déjà formées? Les vitesses variables de la bobine, ses rayons divers, les espaces vidés intérieurs et variables qui existent entre les fils croisés, etc., sont autant de causes influentes qui jettent les couches successives qui se forment, en dehors des prévisions, et qui, dans le cas où le mouvement rotatoire serait rigoureusement commandé et le plus attentivement combiné et calculé à l'avance, produiraient des discordances de mouvements dont résulterait inévitablement la rupture du fil. La machine serait toujours tellement loin de la précision nécessaire, que les essais mêmes sur lesquels se baseraient des corrections par tâtonnement, seraient impossibles.

Il faut alors une disposition compensatrice et correctrice laissant de la marge aux effets indéterminables de ces causes infiniment petites et influentes. A cette fin, lorsqu'on établit une commande directe de la rotation de la bobine, une commande autre que par la traction du fil, on opère la transmission du mouvement par l'action ou par l'intermédiaire d'un *organe à friction* qui transmet un mouvement légèrement en *excès;* organe susceptible de glisser, de provoquer un retard des parties commandées sur les parties commandantes qu'il relie, retard nécessaire à la destruction de cet excès et provoqué par la résistance du fil à la traction de la bobine.

En variant cet excès, et par suite le glissement, le retard que doit provoquer le fil, on varie la tension de ce dernier pendant son enroulement, et par suite on donne lieu à la formation d'une bobine plus ou moins serrée.

14. Revenons actuellement au métier automate. Ici le problème est encore plus compliqué pour le renvidage, et on peut encore moins faire usage d'une friction, attendu que le renvidage se fait d'une manière intermittente et brusque, et que les vitesses s'y trouvant rapidement variées (puisque la longueur du fil d'une couche est faible), les puissances vives y auraient sur les frictions une action trop modifiante et trop difficilement réglable. On a résolu le problème de la manière suivante :

Pendant le dépointage, comme on sait, la contre-baguette s'élève et tend le fil, tandis que la baguette s'abaisse et le guide. Il en est de même pendant le renvidage. Si, dans la quatrième période, à un moment, le fil s'enroule moins vite que le chariot ne se meut, le fil non enroulé laisse la contre-baguette s'élever. Dans le cas contraire, la contre-baguette s'abaisse et c'est le fil contenu de la baguette à la contre-baguette qui subvient à l'excès momentané d'absorption de fil par la bobine. Cette quantité de fil contenue entre les deux baguettes, nous l'appelons *réserve;* elle est constituée d'abord par le fil empointeur dépointé qui forme un fond primitif de réserve, lequel doit en grande partie subsister encore à la fin de la quatrième période pour servir à l'empointage.

On reconnait de suite : 1° Qu'à moins que l'absorption du fil dépasse la réserve, cette réserve permet à la couche de se former lors même que cette dernière devrait s'appuyer sur une couche déjà bossue; 2° que le fil est à peu près également et en tout cas constamment tendu, et que, par conséquent, la bobine peut être *serrée, dure,* quelle que soit sa forme, pourvu que la contre-baguette soit restée dans son jeu régulier.

Mais il reste une autre difficulté. Le fil étant pour chaque couche guidé par la règle et, par conséquent, guidé suivant une loi déterminée à l'avance, il pourrait arriver, s'il en était de même pour la rotation, qu'à la fin de l'aiguillée et s'il y avait des défauts dans les couches, il restât *trop peu* ou *trop* de réserve pour l'empointage. Dans le premier cas, l'empointage ne se compléterait que par l'effet d'un dévidage de fil, et même il risquerait de provoquer la rupture du fil ou des fils, c'est-à-dire une *barbe.* — (On appelle *barbe* une rupture générale des fils). — Dans le second cas, après l'empointage il y aurait excès de fil et par conséquent des *vrilles*, et le fil serait irrégulier. — Nous avons déjà dit comment opère le secteur (fig. 5). Pendant la rentrée du chariot le secteur E' et son levier G' s'abaissent, le point d'attache J' de la chaîne du barillet se meut suivant un arc de cercle décrit du centre F', et le barillet se meut avec le chariot. La distance du barillet et du point J' variant par ce mouvement, il s'opère le déroulement de la chaîne du barillet, et par suite la rotation des broches. — Sans entrer pour le moment dans l'examen de la loi de rotation qui en résulte, nous remarquons que, suivant que le point J' est *plus* ou *moins* éloigné du centre F', il y a *moins* ou *plus* de tours de renvidage. — En tournant la poignée K' dans un sens ou dans l'autre, on peut donc à volonté augmenter ou diminuer le nombre total de tours de renvidage pendant une aiguillée. Eh bien! toutes les fois que l'ouvrier préposé à la surveillance de la machine voit se présenter les symptômes du trop de tours de renvidage, c'est-à-dire une trop faible réserve finale et des ruptures de fil nombreuses, il tourne la poignée K' de manière à écarter le point d'attache J' du centre F' d'une quantité que l'habitude lui permet d'apprécier à l'œil. On reconnait d'ailleurs, *à priori*, que le nombre de tours de renvidage, lequel diminué d'une couche à l'autre pendant la formation du noyau, diminue suivant une progression dont la raison arithmétique est également décroissante; autrement dit, que la vitesse de décroissance des nombres de tours diminue du commencement à la fin du noyau. — La disposition que nous venons de décrire permet à l'ouvrier de faire s'opérer le renvidage quelle que soit la forme de la bobine, et elle rend possible de réaliser le métier automate.

15. Si dans l'organe qui guide le fil pendant la formation d'une couche il se fait un soubresaut anormal, il en résulte pour cette couche, aux places correspondantes à ce soubresaut, des épaisseurs plus grandes qu'elles ne doivent être, et, à côté, des épaisseurs moindres. Si à chaque couche le même effet se reproduit, les différences en plus d'un côté et en moins de l'autre s'ajoutant, le défaut devient de plus en plus sensible; si au contraire un défaut ne s'est produit que pendant un moment, il arrive, pour les couches concentriques, que *là où il y a bosse* le fil se tend davantage, puisque la vitesse avec laquelle il s'enroule s'accroît subitement, et qu'en même temps le mécanisme qui guide l'enroulement s'oppose un peu à cet accroissement anormal de vitesse; et que *là, où il y a creux*, le fil, par les raisons inverses, est plus mou et tend par conséquent à remplir le creux. Enfin, le fil s'enroulant suivant des espèces d'hélices, et les creux comme les bosses faisant toujours le tour de la bobine, ou, si nous pouvons nous exprimer ainsi, ces irrégularités étant des irrégularités de *révolution*, le fil les traverse obliquement, et, comme il est tendu, il ne se plie pas tout à fait à leur forme et possède encore par là une tendance à les faire disparaître.

16. Dans le métier mull-jenny, l'ouvrier fileur constitue chaque couche de bobine de quatre hélices de fil et, par conséquent, de deux descendantes et de deux ascendantes, et il donne à ses têtes de grandes longueurs. Il en résulte que les propriétés correctrices du fil sont le plus grandement exploitées, les fils se croisant sous des angles presque droits. Les bobines sont aussi par là plus sûrement consistantes. Mais il en résulte aussi que la bobine ainsi faite est plus composée d'espaces vides; qu'elle est, par conséquent, moins pesante, moins serrée, et que les levées sont plus fréquentes.

Pour le fileur, il a fallu aussi une contre-baguette pour lui tendre le fil et lui tenir une réserve. Cette réserve forme pour lui, avec les grands croisements, comme un trait d'union entre sa faillibilité et la bonne exécution de son travail.

— Entre la savante combinaison du métier automate et son utilisation, il a fallu comme trait d'union la contre-baguette avec sa réserve, et de plus la variabilité des nombres de tours. Par contre, le métier automate une fois bien réglé, étant moins que l'homme sujet à se déranger et à faillir dans les lois de mouvement qu'il produit, peut avoir ses têtes courtes et, par conséquent, plus facilement dévidables; ses couches, composées seulement d'une descendante et d'une ascendante; enfin, ses bobines plus dures et plus pesantes que celles du métier manuel et aussi consistantes.

On a, pour éviter les irrégularités de l'action de l'ouvrier sur le point J' d'attache de la chaîne, essayé de substituer à cette action celle d'un mécanisme automatique. Pour cela on s'est servi d'un mécanisme qui, chaque fois que la réserve devient plus petite qu'une certaine quantité, est mis en train et commande le déplacement du point J' en agissant sur la poulie I'; déplacement qui s'arrête au moment où la réserve, n'étant plus trop petite, cesse de laisser ce mécanisme produire son action. Cette réaction mécanique de l'effet sur la cause qui ressemble à celle des vitesses d'une machine à vapeur sur la valve d'introduction de la vapeur, représente, dans le cas dont il s'agit, assez exactement l'opération de l'homme sur la machine. — Nous reviendrons sur ce sujet; mais nous ferons remarquer, avant de le quitter, que comme la forme finale de la bobine résulte de l'addition des effets périodiques et nombreux de beaucoup d'influences infiniment petites (et celles-ci pouvant subir des modifications par la température, par les variations de vitesses du moteur, par les variations des degrés de graissage, etc.), il serait même impossible, une fois la machine bien réglée, de déterminer une fois pour toutes, d'après l'expérience, la loi de déplacement du point d'attache de la chaîne au secteur, c'est-à-dire la loi des nombres de tours de renvidage, sans laisser à la réserve une suffisante réaction correctrice sur ces derniers.

V

THÉORIE GÉNÉRALE DU RENVIDAGE D'UNE COUCHE DE CANETTE

17. Soient (fig. 7) Y l'axe d'une broche cylindrique, F E sa génératrice, A D la section donnée d'une couche conique d'uniforme épaisseur. Divisons cette couche en un nombre quelconque, six par exemple, de zones d'égales longueurs, 1, 2, 3, 4, 5, 6, par des plans perpendiculaires à l'axe Y. Par la base de cette couche, menons sur le plan de la figure un axe X perpendiculaire à l'axe Y, coupant ce dernier en G; et, à partir de ce dernier point, portons sur l'axe X une distance G I égale à l'aiguillée et par conséquent à la longueur de fil qui constitue la couche A D. Cette longueur G I nous représente le volume de ladite couche. Divisons-la en deux portions G H, H I, représentant les longueurs de fil de la descendante et de l'ascendante. Divisons chacune de ces portions en six parties proportionnelles aux volumes des six zones : De G en H ces parties seront comme les volumes des zones 1, 2, 3, 4, 5, 6, et de H en I elles seront comme les volumes des zones 6, 5, 4, 3, 2, 1. Des points de division ainsi déterminés élevons des perpendiculaires représentant les différentes distances des parties inférieures des zones de même rang à l'axe X. Par les extrémités de ces perpendiculaires traçons une courbe continue K. Cette courbe nous représente, par ses abscisses, les quantités de fil enroulées et, par ses ordonnées, les situations correspondantes des points d'enroulement. Si, pendant la quatrième période, le point d'enroulement se meut suivant la courbe K, et si, en même temps, la loi de rotation de la bobine est toujours telle que l'espace parcouru par le chariot ou, si l'on veut, le *fil parcouru*, soit le fil absorbé; si, enfin, la couche se forme sur une tête dont la ligne de section est celle intérieure de la section de couche D A, la couche qui se forme est bien certainement la couche proposée D A.

Supposons actuellement que la couche se forme avec la même longueur, *sur la broche elle-même;* que, pendant la rentrée du chariot, la loi de déplacement du point d'enroulement reste celle représentée par la courbe K, mais que la loi de rotation soit changée de telle façon que le fil parcouru soit toujours le fil absorbé.

Les zones de même rang de l'ancienne et de la nouvelle couche se composant de la même longueur de fil, sont donc de même volume ; mais le diamètre étant maintenant égal de la base au sommet, il arrive que la progression de volume des zones se traduira ici par la progression de leurs nombres de tours de fil, par la progression de leurs sections.

Soient S la section d'une zone et R le rayon du centre de gravité de cette section. SR nous représente le volume de la zone. — Dans la première couche AD, SR progresse par la progression de R, S étant constant ; dans la seconde couche A B, SR progresse de même, mais par la progression de S, R étant constant.

Si actuellement nous considérons d'autres couches intermédiaires à celles que nous venons d'examiner, on voit que ces couches, suivant leurs inclinaisons de tête, présenteront des épaisseurs qui auront du sommet à la base une intensité de croissance d'autant moindre qu'elles se rapprocheront de la couche AD et que, si l'on considère une couche ayant une inclinaison de tête plus grande que celle de la couche AD, il se produira une décroissance d'épaisseur du sommet à la base.

On voit déjà comment au *continu* à filer il est possible de tracer l'excentrique qui commande les oscillations du chariot pour la formation des diverses couches. Cet excentrique peut être le même pour toutes les couches puisqu'il répond aux conditions que doivent remplir les couches successives du noyau. Pour le tracer cet excentrique, il suffit en effet de transformer la longueur G I de l'axe X en une circonférence, de construire sur cette dernière la courbe K, en dirigeant les ordonnées dans le sens des rayons. Avec cette courbe on peut tracer aisément l'excentrique réel cherché et propre à agir sur un galet donné.

18. Actuellement, comment se présenteraient les courbes construites sur l'axe X et représentant par leurs ordonnées les lois de rotation de la bobine aux différentes couches ?

On sait que le volume v d'un corps de révolution est égal au produit de sa section S (section par un plan passant par l'axe) et de la circonférence g décrite autour de l'axe par le centre de gravité de cette section ; c'est-à-dire qu'on a $v = Sg$. Dans le cas présent, nous pouvons remplacer v par ls, l représentant la longueur du fil d'une couche et s la section de ce fil, car le volume de cette longueur de fil est égal au volume de la couche. Nous pouvons aussi substituer Ns à la section S, N représentant le nombre de fils coupés dans une section. En sorte que l'équation précédente devient $ls = Nsg$ ou plus simplement $l = Ng$. On en conclut la règle de calcul du nombre de tours N, et on en conclut encore que pour une même longueur l de fil, c'est-à-dire pour une même aiguillée, les nombres de tours et les rayons ou circonférences des centres de gravité de section sont en raison inverse l'un de l'autre. On voit qu'il faut faire ici la supposition que les fils d'une couche n'ont entre eux aucun espace vide, que de plus les couches sont constituées par de véritables anneaux de fil. — Nous voyons par là ce qu'il était aisé de pressentir; c'est que les centres de gravité des sections de couche AB... AC... AD s'écartant de l'axe et les longueurs l de fil de chaque couche étant constantes, les nombres N de tours de fil ou de bobine, à chaque aiguillée décroissent (ainsi que les sections de couche).

Nous pouvons considérer, pour le moment, que le nombre des tours de la descendante et de l'ascendante sont entre eux comme les longueurs de fil de ces couches partielles. Portons sur l'ordonnée I une longueur IM représentant le nombre de tours N de l'une des couches, de la couche A C par exemple. Nous divisons cette longueur en parties proportionnelles IN, NM, aux longueurs de fil des couches partielles, et nous portons sur l'ordonnée en H celle IN de ces parties qui correspond à la descendante. Nous supposons ici que la proportion entre les couches partielles est constante dans toutes les couches.

Le nombre de tours de fil de chaque zone est proportionnel à la section de cette zone. Divisons les longueurs HL, NM, en six parties proportionnelles aux sections des zones 1, 2, 3, 4, 5, 6 pour HL à partir de H, et 6, 5, 4, 3, 2, 1 pour NM à partir de N. Menons de ces points des parallèles à l'axe X et par les points d'intersection des ordonnées et abscisses de même rang, menons une courbe continue O.

Cette courbe nous représente pour la couche A C, par ses abscisses, les chemins parcourus par le chariot pendant sa rentrée, et par ses ordonnées, les nombres de tours correspondants de renvidage de la broche. — Combinée avec la loi K des points d'enroulement, elle donne lieu à la formation de la couche AC en maintenant l'égalité entre le fil parcouru et le fil absorbé et en n'utilisant pas, par suite, la réserve.

On voit que cette courbe a un point d'inflexion au passage de la descendante à l'ascendante, ce qu'on pouvait prévoir, attendu que pour que le fil soit absorbé avec une vitesse uniforme, il faut que la vitesse de rotation de la broche décroisse quand le diamètre au point d'enroulement croît, ce qui arrive dans la formation de la descendante; et que cette vitesse croisse quand le diamètre au point d'enroulement décroît, ce qui arrive pendant la formation de l'ascendante.

Si la courbe O est construite pour la couche AD, il arrive que dans HL comme dans N M, les parties proportionnelles sont égales. Si la courbe O est faite pour la couche AB, il arrive que ces parties suivent exactement la progression des divisions de GH et HI (puisque les sections de AB suivent la progression des rayons ou des volumes des zones de AD), et de ces lignes proportionnelles il résulte alors que la courbe O est une ligne droite telle que P.

On reconnaît donc, de la première couche en formation AB à la dernière AD, 1° que les nombres totaux de tours vont bien en décroissant; 2° que les vitesses rotatoires sont d'abord uniformes, qu'ensuite elles se ralentissent vers l'extrême point et que ce ralentissement grandit jusqu'à la dernière couche AD. — Les lois de rotation de renvidage se modifient comme on voit, insensiblement, d'une couche à l'autre dans la canette, comme se modifieraient des courbes représentatives passant successivement par de nombreux états intermédiaires depuis la ligne P jusqu'à la ligne O et au delà. Quant à la loi des points d'enroulement, elle reste constante.

Ces résultats étaient à prévoir, car on reconnaît que la première couche qui se forme dans la canette se formant sur un cylindre, la vitesse de rotation pour elle doit être uniforme, afin que celle d'absorption le soit. Il n'y avait donc qu'à organiser la loi des points d'enroulement de manière que l'épaisseur de couche croisse du sommet à la base. Pour les couches successives, il fallait ralentir les vitesses de rotation vers le passage de la descendante à l'ascendante pour avoir une absorption uniforme, puisque le diamètre croit vers la base de plus en plus avec les couches successives. Quant à la loi des points d'enroulement, qui a été tracée pour la première couche avec un ralentissement dans le déplacement de ce point vers la base pour accroître l'épaisseur du sommet à la base; quant à cette loi, si elle ne doit plus être maintenue pour l'épaisseur, elle doit l'être à cause de l'augmentation du diamètre qui, absorbant plus de fil, nécessite plus de lenteur dans le déplacement du point d'enroulement. Voilà, pour la question qui nous occupe, le raisonnement tel qu'il s'est présenté et développé à ceux qui ont créé le métier automate, dans le cours de leurs nombreuses expérimentations.

Les lois de mouvement dont nous venons de nous occuper ne correspondent pas rigoureusement avec celles de la réalité, avec celles fournies par le secteur (10 et 11). D'ailleurs, comme on le sait déjà (13), les mécanismes que l'on trouve ne donnent pas non plus les lois que l'on se donne, mais celles qu'ils fournissent s'en rapprochent.

19. Supposons que l'on porte en ordonnée sur l'axe X la quantité de fil absorbée par la bobine à chaque instant de la rentrée du chariot. Evidemment, si le fil absorbé est toujours égal au fil-fait, cette *loi d'absorption* est représentée par une droite Q, dont l'ordonnée maximum IR, est égale à l'aiguillée GI.

5

Ajoutons aux ordonnées de la droite Q, une longueur égale à la réserve ; nous trouvons ainsi une ligne T. La quantité de fil absorbable est représentée pour chaque instant de la quatrième période, par les ordonnées de la ligne T.

Si, comme cela arrive, les mécanismes réalisés, au lieu de donner exactement les lois rigoureuses, en donnaient d'autres; et, en général, si la tête sur laquelle on forme une couche est bossue et jette la forme de la couche nouvelle hors de toute prévision, la loi d'absorption peut, au lieu d'être représentée par la droite Q, qui représente la *loi parfaite d'absorption*, être représentée par une ligne U. On voit, sans s'occuper de la forme que prend alors la nouvelle tête, que la réserve varie suivant les différences des ordonnées simultanées de la ligne T et de la courbe U. — Ainsi en a, quand le chariot a parcouru l'espace Ga, quand le fil parcouru (qui était supposé seul absorbé dans nos abstractions précédentes) est représenté par ac et le fil absorbable par ad, on voit que la longueur ce représente le fil de réserve qui est subvenu à un excès d'absorption. et que la longueur ed représente la réserve restante. Quand le chariot est arrivé en b, on voit que l'absorption n'est plus complète, qu'une partie gf du fil parcouru s'est ajoutée à la réserve qui est représentée par la longueur fh. Cette longueur gf doit être absorbée avant la fin de l'aiguillée, pour ne pas laisser trop de fil empointeur et causer des vrilles. — C'est, comme nous l'avons déjà dit, par la variabilité des nombres de tours de renvidage au secteur qu'on arrive à faire enrouler assez exactement le fil d'une aiguillée, quelles que soient les formes des têtes sur lesquelles se superposent les couches.

VI

L'INCLINAISON D'ENROULEMENT ET LES ORGANES SPÉCIAUX

20. Pendant la formation d'une couche, le fil s'enroule, comme on sait, suivant des espèces d'hélices. A chaque instant de l'enroulement la baguette ou le guide-fil se trouve sur le prolongement de l'élément de fil qui, à cet instant, se juxtapose à la bobine. Autrement dit, la direction du fil pendant son enroulement est représentée à chaque instant par la droite reliant le lieu d'enroulement à la baguette ou guide-fil; et cette droite est la tangente à la courbe du fil au lieu d'enroulement.

Considérons une couche cylindrique d'uniforme épaisseur représentée (fig. 8) en section, X étant l'axe de cette couche. Supposons que cette couche se compose d'un seul tour de fil. Soient a et E les projections sur l'axe du premier et du dernier lieu d'enroulement de ce fil. — Développons cette couche sur le plan de la figure et soit aEE'D ce développement, le premier lieu d'enroulement et le premier point d'enroulement restant figurés par le point a sur l'axe X, et le dernier lieu d'enroulement E se transportant en E'. Pour que la somme de pareilles couches superposées soit cylindrique, il faut que le fil, sur ce développement, soit représenté par la ligne droite aE'. Cette ligne droite est le prolongement du premier élément ab enroulé; par conséquent cette droite aE' représente l'inclinaison du fil pendant l'enroulement de son premier élément; elle est parallèle aux directions du fil pendant l'enroulement de chacun des autres éléments.

Si la couche avait un diamètre 2, 3, 4... fois plus grand ou plus petit que celui de la couche figurée, sans que la longueur aE soit modifiée, son développement EE' serait 2, 3, 4... fois plus grand ou plus petit. En conséquence, le rapport $\dfrac{EE'}{aE}$ qui peut servir à la représentation de cette inclinaison du fil, serait 2, 3, 4... fois plus petit ou plus grand.

Si, considérant le fil guidé pendant son enroulement par un guide-fil, nous suivons le mouvement de la baguette, nous remarquons 1° que la projection de la baguette sur l'axe de la bobine sera animée d'un mouvement de translation sur cet axe, égal en vitesse à celui du point d'enroulement et qu'elle sera toujours *en avant* de ce dernier point dans le sens du mouvement; 2° que la distance de ce point d'enroulement à cette projection du guide-fil, pour que le module (7) soit constant à chaque couche, diminue d'une couche à l'autre afin de varier l'inclinaison d'enroulement ou le rapport $\dfrac{DE'}{aD}$ inversement au diamètre; 3° qu'au passage d'une couche à la suivante, l'inclinaison du fil, en admettant les choses aux termes de la plus grande rigueur, devra passer subitement de la direction EE'' à une direction telle que EE'''; et, par suite, que la projection de la baguette, placée en dessous du point d'enroulement, à une certaine distance finie, devra se trouver instantanément au-dessus de ce point, également à une certaine distance finie. Nous appelons ce mouvement *soubresaut*.

21. Revenons actuellement à une couche conique de canette. Soient AB (fig. 9) une section de couche, X l'axe de la broche. Nous considérerons cette section de couche, composée de sections partielles $d, e, f, g, h, i \ldots$ correspondant à autant de zones d'égales épaisseurs et constituées chacune par un tour de fil. Pour chacune de ces zones, nous pouvons faire les observations que nous avons faites tout à l'heure sur l'inclinaison d'enroulement dans une couche cylindrique, mais nous ajouterons que cette inclinaison varie d'un point à l'autre de la couche, par suite de la variation du diamètre de cette dernière. — Cette variation d'inclinaison d'enroulement doit, en réalité, se faire d'une manière continue; mais, comme pour les couches cylindriques, il devrait y avoir, rigoureusement parlant, un changement de position instantané de la baguette entre le renvidage du dernier élément de la descendante et celui du premier élément de l'ascendante.

Considérons généralement une descendante et une ascendante inégales, c'est-à-dire composées de nombres différents de tours de fil; la première en comptant, par exemple, trois, formant des sections partielles a, b, c; et la deuxième huit, formant des sections partielles d, e, f, g, h, i, j, k.

Comme nous l'avons fait tout à l'heure sur une couche cylindrique, développons chacune de ces zones sur le plan de la figure en plaçant les extrémités de ces développements sur l'axe X; nous aurons ainsi les rectangles $o'a'$, $o''b'$, $o'''c'$. Nous admettons que le fil, pendant son enroulement, est tendu dans le sens moyen de la flèche F. Les principales directions du fil pendant la formation de la descendante sont représentées par les diagonales indéfinies a'', b'', c'', et, au dernier lieu d'enroulement, par la ligne c''' que l'on peut considérer parallèle à la ligne c'.

Opérant pareillement pour l'ascendante, nous formons des développements de zones, représentés par d'autres rectangles, de moindre hauteur, dont le premier et le dernier sont figurés suivant $d'd''$ et $k'k''$; les directions du fil pendant l'enroulement de l'ascendante considérée seront donc représentées, pour la première et la dernière zone, par les lignes B′, A′, diagonales des rectangles correspondants. La direction du fil à l'enroulement du dernier élément au sommet peut alors être représentée par une ligne A″ passant par le sommet A et parallèle à la ligne A′.

L'enroulement de la descendante se fait du sommet à la base; si cet enroulement se faisait de la base au sommet, on reconnaît que les directions du fil seraient opposées, c'est-à-dire représentées par les lignes h_1, h_2, h_3, h_4, prolongements des lignes a'', b'', c'', c'''.

Nous remarquons que ces lignes a'', b'', c'', c''' se coupent toutes, lorsqu'on les suppose indéfinies, du côté où le fil est dirigé, quand la couche se forme du sommet à la base, par conséquent pendant la formation de la descendante. On remarque ainsi que les directions successives du fil pendant la formation de la descendante sont *convergentes*, tandis que celles qui existent pendant la formation de l'ascendante sont *divergentes*.

Soient D le diamètre d'une des zones de la couche considérée, H sa hauteur ou longueur, N le nombre de tours de fil qui la compose.

La tangente trigonométrique de l'inclinaison d'enroulement peut être représentée par l'expression $\dfrac{H}{\pi DN}$. — Comme pour les différentes couches, les zones ont leurs nombres de tours en raison inverse des diamètres de même rang, on voit que le dénominateur πDN est invariable.

Donc, 1° quelle que soit la couche, la série des inclinaisons d'enroulement est invariable si la longueur de couche ne varie pas.

2° Les tangentes trigonométriques des inclinaisons d'enroulement sont proportionnelles aux longueurs de couche.

3° L'angle entre les directions du fil, à la fin de la formation de la descendante et au commencement de celle de l'ascendante, est à très peu près proportionnel aux longueurs de couche (puisque cet angle se compose de deux faibles inclinaisons dont les tangentes sont proportionnelles à ces longueurs de couche).

22. On voit aussi par la figure, que la baguette chargée de guider le fil devra subir, dans la loi de son mouvement, de notables variations, suivant la distance à laquelle elle se trouvera de l'axe de la broche.

En effet :

Si la baguette se meut suivant la ligne **K**, elle devra se transporter pendant la formation de la descendante, du point 1 successivement aux points 2, 3, 4, puis *subitement* au point 5, et de là au point 6.

Si la baguette se meut suivant la ligne **K'**, elle devra, dans les mêmes intervalles de temps, d'un point à l'autre, se trouver successivement aux points 7, 8, 9, 10, 11, 12.

Si la baguette se meut suivant la ligne **K″**, elle devra se trouver d'abord au point 13, puis remonter au point 14, redescendre ensuite aux points 15, 16, remonter *subitement* au point 17, et se rendre enfin au point 18.

Si la baguette se meut suivant la ligne **K‴**, elle devra se trouver successivement, suivant de semblables mouvements, aux points 19, 20, 21, 22, 23, 24.

La distance de la baguette ou guide-fil à la bobine est donc loin d'être un point indifférent. Cette distance, on s'arrange ordinairement de façon qu'elle soit la plus faible possible pour diminuer l'influence des variations de l'inclinaison d'enroulement.

X nous représentant une broche (fig. 10); *a, b, c, d,* le contour de la bobine qu'elle doit porter; *e,* l'étoile; soient 1, 2, 3, trois points choisis à 8 ou 10$^m/_m$ de distance à droite du point *e,* et devant les points *b, c.* Par ces trois points, faisons passer un arc de cercle; soit *f,* le centre de cet arc. Ce dernier point peut nous représenter le centre de la baguette, et le rayon de l'arc considéré peut nous représenter le rayon des rabat-fils.

Par une disposition que nous donnerons plus tard, les centres des baguettes pourront être aisément déplacés pour permettre l'accroissement ou la diminution de la distance entre la bobine et le guide-fil.

23. Sans nous inquiéter, pour le moment, du tracé de la règle, nous voyons que pour que la baguette s'abaisse et puis s'élève pendant la formation de la descendante et de l'ascendante, il faut que la règle fasse monter puis descendre le levier de règle et, par suite, le levier de liaison, pendant la quatrième période. Pendant que ce levier monte, se forme la descendante; pendant qu'il descend, se forme l'ascendante. Nous appelons *extrême-point* le point de la règle où le levier de règle cesse de monter pour commencer à descendre, et par conséquent le point qui correspond au passage de la descendante à l'ascendante. D'après ce que nous avons dit plus haut sur l'inclinaison d'enroulement, la baguette doit à l'extrême-point effectuer un soubresaut. On sait que dans l'application les mouvements instantanés sont impossibles, que les mouvements trop brusquement rapides présentent de grandes difficultés d'exécution et de

graves inconvénients pratiques. De prime abord, la règle paraît devoir affecter la forme $abb'c$ (fig. 11), qui a un coin vif b' à l'extrême-point. Pour éviter le soubresaut et pour donner par conséquent un mouvement tranquille à la baguette, il faudrait, rigoureusement parlant, pendant que la baguette se transporte de sa position, à la fin de la descendante, à sa position voulue au commencement de l'ascendante, que la bobine ou la broche soit complétement arrêtée, et que par suite elle ne donne lieu à aucune absorption de fil. En pareil cas, on remplacerait la règle $abb'c$, par une règle $abb''c$, et pendant qu'à l'extrême-point le galet du levier de règle roulerait du point b au point b'', il s'ajouterait à la réserve une quantité de fil-parcouru représentée par la longueur $b'b''$. — En réalité, le dernier élément du fil de la descendante et le premier élément du fil de l'ascendante ne peuvent faire entre eux un angle fini : il y a, entre les fils de deux couches partielles, continuité de changement de direction. La moindre tension du fil rend d'ailleurs le résultat abstrait impossible. — Il suffit donc qu'il y ait grand ralentissement dans la rotation de la broche et grande accélération de mouvement dans la baguette au passage de l'extrême-point, afin qu'il ne se fasse pas un bourrelet, une accumulation de fil, un défaut à la base. La réserve doit donc effectivement s'accroître un peu au passage de l'extrême-point.

VII

LA BAGUETTE, LA RÈGLE ET LE SECTEUR (OU LEVIER DE RENVIDAGE)

24. Nous avons vu comment la règle, quelle qu'elle soit d'ailleurs, subit une modification de la part de l'inclinaison d'enroulement au passage de l'extrême-point. Nous verrons dans ce chapitre qu'elle en subit une semblable, mais moins sensible, sur toute son étendue. Ce dont nous allons nous occuper maintenant, c'est de l'influence que la baguette et ce qui la relie à la règle, exercent sur cette même règle et sur la bobine.

Soient (fig. 12) X, l'axe de la broche; A, le centre de la baguette ; BC, l'arc décrit par le guide-fil; DEF, un arc de cercle denté fixé sur la baguette ; GH, un levier de liaison denté glissant par une coulisse sur un tourillon I, et engrenant avec l'arc EFD.

Soient (fig. 13) avec les mêmes lettres de désignation, les mêmes organes, avec cette différence que le levier de liaison est articulé à sa partie supérieure avec un levier EA, fixé à la baguette en place d'un arc de cercle, et appelé *pousse-baguette*. C'est la disposition que nous avons adoptée dans la figure 5.

Il n'est pas difficile de reconnaître que si le levier de règle imprime au levier de liaison un mouvement d'élévation uniforme, il arrivera, dans le mécanisme de la figure 12, que la projection du guide-fil k sur l'axe de la broche, aura sur cet axe une vitesse de translation sensiblement croissante pendant le premier tiers de sa course, presque constante pendant le second tiers, et sensiblement décroissante pendant le dernier tiers. — Dans le mécanisme de la figure 13, la course angulaire du pousse-baguette ayant pour bissectrice une horizontale, il arrivera que la vitesse de la projection considérée sera à peu près uniforme.

Supposons que le fil s'enroule toujours perpendiculairement à l'axe, c'est-à-dire que la projection du guide-fil se confonde avec le point d'enroulement; imaginons, en outre, que la règle soit divisée en zones correspondantes aux zones d'une couche du corps, telle que celle de la figure 9. Si nous considérons que la règle se déplace d'une couche à l'autre, de manière à imprimer toujours au levier de liaison le même mouvement oscillatoire à diverses hauteurs, nous remarquons de suite, avec le mécanisme de la figure 12, que le mouvement circulaire du guide-fil modifie la loi de la règle de la manière suivante :

1° Les longueurs de couche croissent pendant la formation du noyau, et décroissent pendant la formation des dernières couches du corps;

2° Les zones des couches se raccourcissent vers les bases dans les premières couches du noyau, et ce raccourcissement diminue au fur et à mesure de l'avancement de la bobine. Il en résulte que les rapports d'extrêmes sont encore augmentés; mais leur augmentation diminue d'une couche à l'autre, en sorte que la progression décroissante des rapports d'extrêmes part d'une valeur plus élevée pour se terminer au même but.

Avec le mécanisme de la figure 13, l'influence du mouvement circulaire est à peu près annulée : on le reconnaît aisément.

En rejetant l'hypothèse de l'enroulement perpendiculaire, on voit que les mêmes observations générales sont à faire sur les couches produites réellement, que celles que nous venons de faire avec cette hypothèse.

On reconnaît que l'arc correspondant au soubresaut (c'est-à-dire celui que décrit le guide-fil pour changer la direction du fil à la fin de la formation de la descendante, en celle qu'il doit avoir au commencement de la formation de l'ascendante) est constant, avec le mécanisme de la figure 12; que cet arc, cependant, suivant qu'il est plus ou moins près de la broche, ne fait pas faire un angle bien différent entre les directions du fil à la fin de la descendante et au commencement de l'ascendante. En effet, en même temps que cet arc se rapproche de la broche il se pose, en quelque sorte, obliquement dans cet angle, — obliquement par rapport à la bissectrice de ce dernier. Cependant cet angle diminue un peu quand l'arc se rapproche de la broche; cette diminution de l'angle du soubresaut correspond, d'ailleurs, avec le raccourcissement des zones vers les bases.

Dans le mécanisme de la figure 13, l'arc correspondant au soubresaut grandit lorsqu'il se rapproche de la broche, en sorte que l'angle des directions des fils au soubresaut est à peu près constant.

On voit, par tous ces *à peu près*, que le mécanisme de la figure 12 a une influence tendant à la conicité, que le mécanisme de la figure 13 ne possède pas. Cette influence agit en sens inverse pour les dernières couches du corps, mais très peu, car la bobine se termine lorsque sa tête est en regard de l'extrémité inférieure du dernier tiers supérieur du parcours du guide-fil.

25. Nous avons dit comment, en général, on traçait la courbe des points d'enroulement pour une couche donnée d'uniforme épaisseur (17). Cette courbe sert au tracé de la règle qui, d'après tout ce que nous venons de dire depuis, a une courbure différente. Mais la loi de rotation telle qu'elle est donnée par le secteur, seul mécanisme trouvé qui se rapproche de l'idéal (18), étant un peu différente aussi de celle donnée par les courbes de rotation que nous avions trouvées comme *dépendantes* de la loi des points d'enroulement cherchée de prime abord, il faut aussi assujettir, autant que possible, la loi des points d'enroulement à la loi de rotation dont on dispose.

Traçons (fig. 14) la courbe des rotations R dont nous disposons par le secteur et qui se rapproche le plus de celle que nous désirons; x étant un axe d'abscisses, dont la longueur marquée OI est égale à celle de l'aiguillée, les ordonnées représentant le nombre de tours de broche ou toute quantité proportionnelle telle que la quantité déroulée de chaîne du barillet. Le lecteur saura parfaitement faire les épures que nécessite la construction de cette courbe. La dernière ordonnée représente le nombre total de tours. Le point E représentant le point de plus grand ralentissement de la rotation des broches (point d'inflexion), *on le choisit pour correspondre à l'extrême-point*. L'ordonnée EF en ce point détermine, par conséquent, le nombre de tours de la descendante, et par suite, le nombre de tours de l'ascendante. — Avec ces données, nous construisons d'abord la fig. 9, et nous décomposons l'ascendante et la descendante graphiquement en autant de zones cylindriques que ces deux couches partielles comportent de tours de fil. Traçant alors dans cette figure la ligne de parcours que, par nos dispositions mécaniques, nous donnons à la baguette, la ligne Q, par exemple, nous déterminons sur cette ligne par la construction des droites d'inclinaison d'enroulement, la série numérotée des positions successives de la baguette ou, plus exactement, du guide-fil, pour la série des tours correspondants de renvidage de la bobine. Divisant alors l'ordonnée totale JO (fig. 14) en autant de parties égales qu'il y a de tours pour l'ascendante et pour la descendante, nous déterminons par la courbe R les abscisses correspondantes à ces divisions et, sur chacune de ces abscisses, nous élevons une ordonnée égale à la distance constatée par épures sur le mécanisme de baguette (fig. 12 ou 13), qui doit exister entre la position correspondante du coin du levier de liaison et sa position à l'extrême-point. La série des extrémités de ces ordonnées détermine ainsi la courbe AFBD. — Nous avons dit (23) comment nous admettions, avec un simple ralentissement de vitesse de rotation à l'extrême-point, une simple accélération de la vitesse de la baguette, vu la continuité qui doit exister en réalité, entre la descendante et l'ascendante. Nous pouvons donc supprimer l'angle vif FB et admettre la courbe AFB'CD pour courbe-guide ou règle.

Cette courbe doit être renversée de dessous en dessus, pour agir par le levier de liaison sur le pousse-baguette.

On voit que le tracé de la règle dépend de la loi de rotation donnée par le secteur et que cette dernière loi est prise parmi celles qui se rapprochent le plus de celle qui correspond au tracé de la loi des points d'enroulement fait *à priori* (17). Les autres lois de rotation données ne sont pas non plus celles qu'on trouve *à priori*, mais elles s'en rapprochent. Le tâtonnement fait à la lime sur la règle amène cette dernière à un certain état moyen qui donne à la bobine sa meilleure forme. Suivant les défauts de la bobine, on remonte à ceux des organes essentiels; ainsi un bourrelet, ou, si l'on veut, une bosse aux bases fait songer à introduire dans la règle à l'extrême-point une accélération du guide-fil, pour parer à l'inconvénient d'un insuffisant ralentissement de vitesse rotatoire.

26. Comme nous le verrons plus loin, le secteur peut fournir des courbes dont le point d'inflexion ou de plus grand ralentissement se rapproche du milieu de l'aiguillée. On voit alors, d'après ce qui a été dit pour le tracé de la règle, que l'ascendante et la descendante deviennent égales. Lorsque l'une des couches partielles, la descendante, a très peu de tours, deux ou trois, par exemple, il arrive qu'elle est constituée par une espèce d'hélice très allongée qui relie toutes les parties de l'ascendante sur laquelle elle est enroulée. La bobine se composant d'hélices de fil, alternativement à anneaux rapprochés et à anneaux écartés, il se produit une liaison entre les parties extrêmes des têtes, une solidarité qui donne de la consistance à l'ensemble, absolument comme des duites ou des trames en donnent à un tissu. — Rendre la descendante très faible en fil, c'est ce que les praticiens appellent *croiser le fil.*

Sans ce croisement, les têtes sont facilement détachables, la bobine ne résiste pas aux manipulations qu'elle subit : il arrive, au dévidage, que le fil, en quittant une tête, détériore la tête inférieure ; les parties de cette dernière n'étant pas reliées entre elles et ne pouvant, par conséquent, se prêter un mutuel appui, il en emporte des anneaux, amène des enchevêtrements et, par suite, des ruptures. Et après ces ruptures, il est presque impossible de retrouver le *bout du fil* sans enlever beaucoup de couches. Enfin, en enlevant des couches nombreuses dans des canettes de ce genre, on achève de détruire la bobine ou d'en rendre le dévidage impossible. Il est donc de première importance que la descendante soit faible relativement à l'ascendante; et dans ces conditions on comprend que de faibles variations dans la quantité de fil qui constitue le croisement ou la descendante, n'ont point sur la bobine une influence sensible. —

Comme *minimum de longueur de fil*, la descendante devrait se composer de moins
de fil dans les premières couches que dans les suivantes, puisque les diamètres
de base sont croissants. On y arrive en donnant à la règle, en même temps
que le déplacement vertical exigé par le changement d'altitude des couches,
un faible mouvement de déplacement horizontal dans le sens de sa longueur et
vers le porte-cylindres. Par ce moyen, l'extrême-point se déplace vers le porte-
cylindres et, par suite, la descendante croît avec la croissance des diamètres des
bases. Quant à la loi d'absorption et à la formation des couches, elles n'en sont
point affectées d'une manière sensible : c'est ce dont on peut se convaincre
par des épures. Nous verrons au sujet de l'empointage que ce déplacement
comporte encore d'autres avantages.

Le croisement donne lieu évidemment à une augmentation de l'angle de
passage de la descendante à l'ascendante dans la baguette; et c'est là quelque
chose d'assez incommode, aussi bien dans le continu à canettes dont nous avons
déjà parlé que dans le métier automate (12, 13, 17).

A propos du continu à filer en canettes, nous avons à peine besoin de men-
tionner que pour introduire dans l'excentrique qui commande son chariot, les
modifications nécessitées par l'inclinaison d'enroulement et le croisement, on se
sert de la règle réelle, comme de la courbe pure et simple des points d'enroulement (17), en rejetant toutefois du tracé les modifications introduites spécialement par le secteur (25) et par le mécanisme qui relie la baguette à la règle.

VIII

LE SECTEUR OU LEVIER DE RENVIDAGE EN PARTICULIER ET LE BARILLET

27. Occupons-nous maintenant des proportions du secteur et du barillet, et des essais auxquels ces organes ont donné lieu.

Soient (fig. 15), A le centre de rotation du secteur ou levier de renvidage, A C l'horizontale passant par ce centre ; D, H, les positions extrêmes du barillet pendant la rentrée du chariot, c'est-à-dire au commencement et à la fin de la quatrième période ; B, C, les projections sur l'horizontale A C, des centres du barillet aux positions extrêmes de ce dernier ; F A une verticale passant par le centre A du levier de renvidage ; F A E ou F A G l'angle du levier de renvidage en avant ou en arrière, au début de la quatrième période, par rapport à la verticale A F.

Soient l la longueur du fil d'une aiguillée, d le diamètre de la broche à l'origine de la bobine. $\dfrac{l}{\pi d}$ représente évidemment le maximum N' du nombre de tours de la broche au renvidage. Ce nombre de tours maximun doit être imprimé à la broche quand la chaîne du levier renvideur est attachée à son centre A et il détermine le diamètre du barillet. Soit, en effet, Q le rapport entre la vitesse de la broche et celle du barillet, rapport qui résulte de la relation mécanique établie entre ces organes et qui est tout simplement le nombre de tours de la broche pour un tour du barillet.— On a en appelant D le diamètre du barillet,

$$\frac{l}{\pi D} \times Q \times \pi d = l,$$ d'où en simplifiant on tire $\dfrac{Qd}{D} = 1$, ou bien $D = Qd$.

C'est-à-dire que *le diamètre du barillet doit être admis égal au diamètre de la broche multiplié par le rapport qu'on a admis entre la vitesse de rotation de la broche et celle dudit barillet.*

On voit que *le barillet, si la broche varie de diamètre, varie dans le même rapport dans son diamètre, et qu'il ne varie pas quand on change seulement le diamètre extérieur de la bobine ou la longueur de l'aiguillée.*

Supposons maintenant la bobine à son plus grand diamètre, auquel les cou-

ches en formation sont à peu près d'uniformes épaisseurs et dont, par conséquent, le centre de gravité de section est égal, dans sa circonférence g', à la
moyenne des circonférences de la base et du sommet. — Il est bon d'attribuer
à cette circonférence un cinquième en plus, afin d'accroître les latitudes du
réglage.

Comme on a, en général, $Ng = l$, nous avons ici le nombre de tours
minimum N'' de la broche (pour l'enroulement de la première couche) par la

formule $N'' = \dfrac{l}{g''}$.

Soit ρ la longueur AE du levier de renvidage. La distance ED qui existe
entre le point d'attache de la chaîne au levier de renvidage et le point de tan-
gence de cette chaîne au barillet, est ordinairement moindre que la longueur
du levier AE; néanmoins, supposons-la-lui égale (pour la latitude du réglage) et posons $ED = \rho$. Enfin, supposons que lorsque le chariot est rentré
(c'est-à-dire, est vers le porte-cylindres), le levier de renvidage soit dans la direction AH. La quantité de chaîne déroulée du barillet pour une couche du corps
sera égale à $l - 2\rho$. On comprend que *les nombres de tours de renvidage sont
entre eux comme les quantités de chaîne déroulées du barillet*; on aura donc

$$\frac{N'}{N''} = \frac{l}{l - 2\rho}, \text{ d'où } N'l - N'.2\rho = N''l; \text{ d'où } N'.2\rho = N'l - N''l; \text{ d'où}$$

$$\text{enfin } \rho = \frac{l(N' - N'')}{2N'} = l.\frac{N' - N''}{2N'}.$$

Ainsi, avec la disposition d'organes renvideurs actuelle, *la longueur du levier
de renvidage du secteur doit être au moins égale au produit de la multiplication de
l'aiguillée l, par le rapport qui existe entre la différence des nombres de tours maximum et minimum de renvidage des broches, et deux fois le nombre de tours maximum
de renvidage de ces broches.*

Il n'est pas mauvais d'accroître encore le résultat ainsi obtenu pour ρ, si les
dispositions de la machine ne mettent pas obstacle à cet accroissement.

On voit que *le levier de renvidage, toutes choses égales d'ailleurs, est proportionnel à l'aiguillée.*

Les proportions de la figure 15* sont admises dans les métiers ordinaires,
entre les limites suivantes :

$AB = 60$ à 70 centimètres;

---

* Dans la suite de cet ouvrage, et incidemment comme pour le secteur, nous donnerons successivement
les proportions principales des métiers ordinaires.

BC = 1ᵐ,56 à 1ᵐ,60 ;

BD = 10 à 18 centimètres ;

γ = 85° à 115°..... γ est l'angle total décrit par le levier renvideur.

28. Comme on voit, on peut varier l'angle de parcours du secteur et, en même temps, la position de la bissectrice de cet angle et varier ainsi la loi des rotations. Le levier renvideur, s'il parcourt un angle de 180°, dont la bissectrice est à peu près verticale, donne une loi de rotation dont le point d'inflexion ou l'extrême-point est situé vers le milieu de l'aiguillée. Il y a, dans ce cas particulier, une autre manière que celle que nous avons déterminée tout à l'heure, pour trouver la valeur de ρ ; nous laissons sa recherche aux soins du lecteur.

On comprend bien qu'avec une même règle, quand on varie l'angle de parcours en question et la position de sa bissectrice, on varie considérablement les lois suivant lesquelles le fil s'enroule et, par conséquent, les formes de couche et de bobine qu'on obtient. Nous n'entrerons pas dans le détail des effets qui se produisent par ces changements, la suite de cet ouvrage mettra le lecteur à même de les apprécier aisément.

Voici, cependant, les principales courbes des lois de rotation que l'on obtient avec les différentes proportions et dispositions ordinaires du levier renvideur et de son secteur (fig. 16). Les abscisses de ces courbes sont les courses du chariot, et leurs ordonnées sont les quantités correspondantes de chaîne déroulées du barillet. — Nous supposons une course de chariot de 1ᵐ,56, un secteur denté pouvant décrire facultativement des angles de 80°, 100°, 112° ; ce qui suppose par exemple un arc de 43 centimètres de rayon, denté suivant un pas de 13ᵐ/ₘ et commandé facultativement par des pignons de 16, 17 ou 18 dents, faisant 2ᵗᵒᵘʳˢ,5 alternativement, sous l'action d'une poulie de 20°/ₘ de diamètre, qui reçoit, comme on sait, son mouvement de la main-douce. — La figure nous représente les courses angulaire et linéaire du point d'attache de la chaîne au levier du secteur. *ao* et *bo* représentent deux inclinaisons initiales qui peuvent être supposées données à ce levier. Les inclinaisons finales de ce levier dépendent non-seulement des inclinaisons initiales, mais encore des pignons déjà cités ; elles sont dessinées et désignées sur la figure. Les points 1, 2, 3, 4, 5, à partir desquels sont menés des arcs de cercle décrits du point *o*, représentent une série de positions du point d'attache de la chaîne du barillet. Enfin, le point initial ou point de départ, et la hauteur du barillet par rapport au centre du secteur, sont supposés dans les quatre cas des positions A, A₁, C, C₁.

Les courbes résultant des différents cas de combinaison de ces positions respectives d'organes spéciaux de renvidage sont toutes numérotées dans la figure 16.

et renvoient le lecteur aux mêmes numéros d'une légende qui désigne les situations correspondantes du secteur, du pignon et du barillet.

On y voit quelques-unes des courbes obtenues, quand le point d'attache est au bout du levier renvideur, se bifurquer vers le dernier tiers de l'aiguillée : celles de ces bifurcations qui ont les plus grandes ordonnées, représentent les résultats de l'action du nez du secteur.

Jusqu'à présent nous avons considéré les broches comme cylindriques; comme elles sont en réalité coniques pour permettre un facile enlèvement des bobines achevées, il faut que la loi de renvidage en soit modifiée, que le mouvement rotatoire de la broche s'accélère un peu lorsque se forme le sommet de la couche et que cette accélération se produise peu après la formation du corps. C'est par le nez du secteur qu'on obtient ce résultat dont l'intensité et même l'existence sont laissées au réglage manuel et continuel de l'ouvrier.

Dans le cas où, par des erreurs d'une nature quelconque, le barillet serait trop grand, il arriverait que pendant les premières couches, la chaîne du secteur étant près du centre, tout le fil d'une aiguillée ne saurait être renvidé, la contre-baguette pourrait même arriver à sa limite supérieure et ne plus tendre les fils, il en résulterait des vrilles qui se renvideraient. — Les filateurs savent combien les vrilles sont nuisibles à l'emploi de leurs filés. — Et lorsque le chariot arrivant près du porte-cylindres la baguette viendrait à se relever, le fil-fait se composerait également dès le début de la période suivante, de vrilles nombreuses. Cet effet se produirait pendant le commencement de la levée avec une intensité décroissante d'une aiguillée à l'autre, jusqu'au moment ou le diamètre de la couche formée serait arrivé à être tel, qu'avec le nombre de tours résultant du barillet tout le fil de l'aiguillée soit absorbé.

Dans le cas où, par des erreurs d'une nature quelconque, le barillet serait trop petit, il arriverait que dès les premières couches, la chaîne du levier de renvidage étant attachée près de son centre de rotation, les broches feraient trop de tours de renvidage, et il en résulterait de nombreuses ruptures de fil et même peut-être des barbes. — Dans un cas pareil, l'ouvrier est obligé d'élever le point d'attache de la chaîne sur le levier, jusqu'au moment où la chaîne déroulée du barillet ne correspond plus dans l'aiguillée qu'au nombre de tours voulu de renvidage. Il en résulte évidemment une grande modification dans la loi de renvidage des couches et quelques différences dans la forme de bobine obtenue. Il en résulte aussi que lorsque se forment les couches du corps, l'attache de la chaîne est obligée de monter plus haut, et que si le levier renvideur n'est pas assez long (plus long qu'il ne doit être rigoureusement), on arrive à un point où l'on ne peut plus élever la chaîne et où cependant le noyau n'est pas encore terminé. Il en résulte que le fil se serre, se rompt beaucoup, et que le contremaître qui ne veut ou ne peut alors changer le barillet, diminue le nombre de couches qu'il donne à la bobine, afin de donner lieu à la diminution de diamètre de cette dernière.

29. Si, en restant dans les conditions des métiers ordinaires, et si, par suite de modifications dans le diamètre des bobines à former et d'après les calculs ci-dessus présentés, le rapport de la longueur ρ du levier de renvidage à la course du barillet, c'est-à-dire à l'aiguillée, augmente, il arrive, au delà d'une certaine limite, que les lois de rotation et d'absorption entrent dans des variations tout à fait inadmissibles.

Ainsi, lorsque ρ arrive à devoir être égal environ aux trois cinquièmes de l'aiguillée, la loi des rotations est représentée par une courbe telle que A (fig. 17), qui ne donne presque aucune rotation de c en d, c'est-à-dire pendant environ le tiers de l'aiguillée. Et si ρ devient plus grand encore, il peut arriver que pendant un tiers au moins de la rentrée du chariot, il n'y ait aucun renvidage et que, mathématiquement parlant, il devrait se produire un retour des broches en arrière ou un détour, ce qui se traduit en application par une chaine lâche; la courbe B est l'expression d'une telle loi de rotation. — Dans de pareilles conditions, le renvidage ne saurait fonctionner convenablement; aussi, lorsque le diamètre de la bobine est grand par rapport au diamètre de la broche, 7 à 8 fois plus grand par exemple, faut-il changer les conditions dans lesquelles se trouve l'organe du renvidage.

Si on rejetait simplement en arrière la position initiale du levier, si on la mettait, par exemple, suivant la ligne A I (fig. 15), son angle de parcours restant le même, sa position finale serait représentée par la ligne A K. Il arriverait, dans ce cas, que la courbe des rotations n'aurait plus de suffisantes variations de vitesses, ce qui se traduirait en trop grandes variations de réserves, et l'on comprendra, quand nous aurons traité des contre-baguettes, que ce défaut est grand.

Si, sans changer ses inclinaisons initiales et finales, on transportait simplement le levier de renvidage plus en arrière, c'est-à-dire si on écartait son centre de la ligne de parcours du barillet ou, ce qui revient au même, si on reculait le barillet vers le fond du châssis du côté opposé aux broches, de manière à écarter sa ligne de parcours, le défaut signalé pourrait ne plus se produire. Cet arrangement donnerait lieu à des courbes de renvidage qui rentreraient dans le genre des courbes de la figure 16, et permettrait un plus grand rapport entre les nombres de tours maximum et minimum de renvidage. — Si cependant on était conduit à écarter par trop le centre du secteur et la ligne de parcours du barillet l'un de l'autre, l'arrangement en question accroîtrait la longueur de la têtière d'une manière incommode et souvent impraticable dans les bâtiments qui contiennent les métiers self-acting ordinaires.

Il a été réalisé, entre autres organes de renvidage, deux dispositions par lesquelles on peut varier la vitesse angulaire du levier de renvidage, de manière à déterminer plus à volonté la loi des rotations des couches du corps et à obtenir toute la latitude désirable pour la différence entre les nombres de tours maximum et minimum du renvidage.

Soient A (fig. 18) le levier de renvidage, B le barillet, C une poulie à gorge en hélice ou escargot, sur laquelle s'enroule et s'attache par une de ses extrémités une chaîne D, dont l'autre extrémité s'attache au levier A. Pendant la quatrième période, ce levier, étant sollicité par le barillet dont la rotation demande un certain travail, tend à tourner dans le sens de la flèche *a*. Simultanément l'escargot C, en déroulant sa chaîne, règle et retient le levier dans son mouvement angulaire. On comprend que, quelle que soit la longueur du levier A, on peut tracer l'escargot de façon à donner lieu à la loi de rotation parfaite, en tenant compte du soubresaut.

Dans une autre disposition qui atteint le même but, le levier renvideur A (fig. 19) est muni d'un secteur excentrique F commandé par une roue G, dont l'axe peut osciller autour du pignon de commande H. On peut régler la loi de renvidage des couches de manière à éviter les inconvénients signalés au commencement de ce numéro, en traçant convenablement la courbe excentrique dentée F.

La première de ces deux dispositions nécessite un ressort E, qui empêche le levier de tomber ou de tendre à se mouvoir en arrière pendant la troisième période; ce qui a des inconvénients dont nous parlerons plus tard. La deuxième de ces dispositions se passe de cet accessoire.

30. *Le levier renvideur ordinaire ne convient bien que lorsque le rapport des nombres de tours maximum et minimum de renvidage est contenu entre 3 et 4 ¼,* et alors les courbes de rotation et d'absorption résultantes se rapprochent assez des conditions les plus désirables. Or, ces conditions peuvent être réalisées dans tous les métiers, de quelque dimension qu'ils soient et quelque grosses que soient leurs bobines, du moment où *le diamètre de la bobine n'est pas plus que 4 ¼ fois celui de la broche à l'origine de la bobine;* ou encore, — puisque la bobine doit pouvoir être faite aussi grosse que le permet l'écartement des broches, et en admettant le jeu des bobines voisines égal au demi-diamètre des broches, — du moment où *le diamètre de la broche n'est pas moindre que le cinquième de l'écartement des broches*. Si ce diamètre était plus grand, le point d'attache du levier renvideur monterait simplement moins haut pour les couches du corps qui en résulteraient.

Toutes ces observations, le lecteur peut les vérifier lui-même en construisant les courbes de rotation et d'absorption de tous les organes et positions respectives d'organes dont nous venons de parler.

Nous parlerons du mouvement automatique de déplacement du point d'attache de la chaîne au levier renvideur après avoir traité des contre-baguettes.

On a fait un grand nombre de systèmes de leviers renvideurs dont nous ne parlerons pas parce qu'ils sont abandonnés. Le lecteur qui désire se rendre compte de ces systèmes, peut trouver dans le présent traité tous les éléments nécessaires à leur rapide intelligence.

LA RÈGLE OU GUIDE EN PARTICULIER

31. Par le tracé que nous avons exposé pour la règle, on voit quelle est la forme générale affectée par cette règle. Elle est légèrement courbée pour l'ascendante, de façon à accélérer depuis l'extrême point la vitesse d'élévation du guide-fil; à l'extrême point elle forme une arête très obtuse. On a vu comment cette arête se relie à la partie qui guide la formation de l'ascendante, de manière à effectuer le passage des inclinaisons d'enroulement ou soubresaut de la descendante à l'ascendante.

Souvent, en réalité, on ne prend pas beaucoup de précaution pour la règle; on la constitue simplement de deux lignes droites. Il en résulte une tendance à des bourrelets de base et des couches non-seulement moins belles, mais encore quelquefois très difficiles à dévider rapidement, puisque les bourrelets en question, pouvant se trouver au-dessus de la base, peuvent aussi offrir un diamètre plus grand que celui de cette dernière.

Dans un des premiers métiers automates réalisés, on avait constitué la courbe de la règle par une seule ligne droite, en sorte que pendant tout le temps du renvidage la baguette était animée d'un mouvement ascensionnel. Alors, à la fin du dépointage, le guide-fil était arrivé à une position inférieure à celle qu'il doit avoir au début de l'ascendante. Il résultait de cette disposition, qu'au début du renvidage le fil s'enroulait sur la bobine de haut en bas pendant que la baguette s'élevait; que l'inclinaison d'enroulement décroissait en raison 1° de l'accroissement du diamètre de la tête depuis son sommet jusqu'à sa base; 2° de l'ascension du guide-fil; 3° de la rotation plus ou moins rapide de la broche. Lorsque, par ce mouvement, l'inclinaison d'enroulement devenait nulle, la descendante était achevée et l'ascendante commençait. — Quand, sans changer le mouvement ascensionnel du guide-fil, le mouvement de rotation était rendu plus rapide ou plus lent, la baguette ou le guide-fil s'élevait d'une quantité moindre ou supérieure avant le moment où l'inclinaison d'enroulement était devenue nulle : la longueur de couche dépendait donc essentiellement de la relation qui existait entre la vitesse de rotation de la broche au commencement de la rentrée du chariot et la vitesse de translation du guide-fil. Cette combinaison ne pouvait être employée qu'avec une baguette ayant de grands rabat-fils et un grand intervalle entre le guide-fil et la bobine ; elle était, par conséquent, rendue possible par la convergence des directions du fil pendant la formation de la descendante (21). Mais elle avait le tort de rendre le point d'enroulement presque impossible à maîtriser, et par conséquent de rendre les marches de base très influençables par les moindres causes. C'est ce qui a conduit naturellement à diminuer autant que possible la distance du guide-fil à la bobine et par suite à l'obligation de donner au guide-fil un mouvement de descente pour former la descendante.

32. D'après ce que nous avons déjà dit de la descendante ou du croisement, on conçoit que, dans les diverses positions à donner à la règle, on puisse ne pas en tenir compte et ne considérer que l'ascendante. C'est ce que l'on fait effectivement. *Pour chaque couche on ne s'inquiète, pour les positions à donner à la règle, que 1° de la position du point de cette règle qui, à côté de l'extrême-point, correspond au commencement de la formation de l'ascendante, et 2° de la position du point de cette règle, vers le porte-cylindres, qui correspond à la formation du sommet de l'ascendante.*

Voici par quelle disposition mécanique la règle se déplace à chaque couche, à chaque aiguillée (fig. 20).

Soient A B C la règle en élévation longitudinale ;

D E cette même règle en section suivant une ligne *m n*.

Cette règle est juxtaposée à une pièce longitudinale H I J K, et F G en coupe, qui sert de support général à tout l'ensemble de son mécanisme.

L et M, deux coulisses obliques pratiquées dans la pièce H J, et au travers desquelles passent deux pièces N, O, solidaires de la règle, et qui reposent par le poids de la règle sur les bords courbes supérieurs de deux pièces Q, R, dites *platines*. Ces platines sont assises dans une rainure pratiquée dans le rebord inférieur K J du support général H J. On voit, dans la coupe, l'une de ces platines S, et la vue de côté d'une des pièces N, O, reposant sur ces platines et soutenant la règle.

Les platines sont susceptibles de se déplacer dans la rainure et sont reliées l'une à l'autre par une double tringle à coulisse Y, qui permet de régler à volonté leur écartement.

La platine Q, qui correspond à l'extrême point B, s'appelle *platine des bases;* l'autre s'appelle *platine des sommets.* La platine Q est munie d'un écrou fixe X (T en coupe), traversé par un arbre fileté V, lequel passe encore par un coussinet ou support Z, et porte, à son extrémité, un rochet *a* et un appareil à cliquet qui commande la rotation de ce rochet. A chaque aiguillée, le rochet doit tourner d'une dent et commander le déplacement des platines et, par suite, celui de la règle. — On remarque dans la figure 24 la disposition, vue de côté, de l'appareil à cliquet : cet appareil se compose d'une pièce à trois branches, *f, j, h,* librement oscillante sur le prolongement *g* de l'arbre fileté V de tout à l'heure ; la branche *f* tient un cliquet *e* articulé et qui repose sur les dents du rochet *d* ; la branche *j* repose sur la plaque *l* (qui était dans l'autre figure la plaque *c*, support de la pièce H J). — Lorsque le chariot arrive aubout de sa course, un nez incliné, *i*, qui lui est solidaire, vient soulever la branche *h* et pousser le rochet d'une dent. Le nez *i* se retire lorsque le chariot rentre, et la pièce à trois branches retombe sur sa branche *j*.

Par les courbures des platines, on varie la hauteur de la règle comme on veut, et par conséquent les altitudes des couches successives ; on varie aussi les inclinaisons de la règle, et par conséquent la différence des altitudes de base et de sommet, ou, autrement dit, la longueur des couches.

Pour varier le nombre de couches d'une altitude à une autre donnée, on varie le nombre de dents du rochet dans le même rapport. La machine est d'ailleurs toujours munie de nombreux rochets *de rechange.*

L'un des nez N, O, ne doit pas avoir de jeu dans sa coulisse, et l'autre doit en avoir, afin de permettre à la règle de varier d'inclinaison sans contrariété.

Le déplacement horizontal de la règle (26) se fait par l'effet de l'obliquité des coulisses L, M.

Comme on le voit par ce dispositif, les retouches ou appropriations à la lime que l'application nécessite se font sur la règle lorsqu'il s'agit de toucher aux lois suivant lesquelles se forment les couches, et elles se font sur les platines lorsqu'il s'agit de toucher aux lois des altitudes, ou des longueurs, ou des superpositions de couches.

33. On a fait des règles en deux pièces articulées à l'extrême-point, ce qui permettait la variation de la course de la baguette à la descendante ; mais on ne les emploie plus.

On a même fait des règles en trois pièces ; la troisième vers le porte-cylindres pour le sommet, et aussi, comme nous le reconnaîtrons plus tard, pour satisfaire à quelques nécessités de l'empointage ; mais on les a également abandonnées.

On avait pensé, dans certaines machines réalisées il y a une vingtaine d'années, qu'il y avait avantage à varier d'une couche à l'autre la courbure de la

règle; et pour y arriver on avait établi, pour servir de règle, une pièce circulaire le long de laquelle roulait, pendant la rentrée du chariot, un galet qui transmettait à la baguette l'oscillation résultant de la courbure de cette pièce suivant
la ligne de parcours du galet. Après chaque aiguillée, cette pièce circulaire tournait sur elle-même d'une certaine quantité, ce qui faisait qu'à chaque nouvelle
aiguillée le galet considéré roulait sur une autre ligne qui lui donnait le nouveau
mouvement nécessaire à la nouvelle couche en formation. Mais cette disposition
laissait au régleur une grande difficulté d'appropriation pratique, attendu qu'elle
ne lui permettait une modification dans les marches des couches ou dans une
loi des points d'enroulement qu'en l'obligeant à retoucher la totalité de la surface de cette règle circulaire.

Toutes sortes de dispositions ont été données à la règle; ainsi on a quelquefois substitué aux platines, des excentriques; — on a même aussi substitué à la
règle un excentrique. Le lecteur entrevoit, comme nous, qu'avec les mêmes
principes sur lesquels se base la combinaison de la règle ordinaire et de ses platines, on peut trouver des organes et des arrangements d'organes très nombreux.

Enfin, on fait aussi des règles qui constituent la couche de quatre hélices
comme le fait d'ordinaire le fileur, mais elles entraînent avec elles des difficultés de retouche qui les font abandonner. D'ailleurs, elles n'offrent, dans les
cas ordinaires, et sous tous les rapports, que de l'infériorité sur les règles ordinaires des bons métiers.

34. A cause de l'inclinaison d'enroulement au début de la descendante, l'extrémité correspondante de la règle (vers la petite têtière) est plus élevée que
l'autre extrémité.

D'une manière empirique, la règle peut se construire comme il suit :

A B (fig. 22), représentant la portion de règle qui correspond à la formation
réelle de l'ascendante, et que l'on trace par le moyen exposé (25); cette courbe
A B étant, d'ailleurs, modifiée ultérieurement par le tâtonnement. Soit A C une
verticale représentant la différence de niveau des points A et B pendant la
formation d'une couche du corps. Le point A n'est pas l'extrême-point, mais
le point correspondant à l'endroit où la courbe de renvidage, après l'extrême-
point, donne une sensible reprise de vitesse de rotation. Le point D correspondant au point de plus grand ralentissement, élevons-y une perpendiculaire D E
à la droite C B prolongée. Soit E le point de rencontre de la droite A B avec la
ligne D E. Dans le cas où le ralentissement de vitesse doit être très sensible,
nous prenons le point E pour extrême-point. Dans le cas où le ralentissement

est faible, nous prenons pour extrême-point un point E', situé au-dessus du point E, d'une quantité susceptible de faire faire au guide-fil une course égale tout au plus au diamètre de la broche. — Soit B F l'aiguillée. Du point F correspondant au début de la rentrée du chariot, élevons une verticale, et du point G, milieu de A B, menons une parallèle à F B, qui coupe la verticale F en un point H. Nous joignons ce point au point E ou au point E' par une droite ou une courbe qui a très peu d'influence par elle-même sur le renvidage, mais qui peut en avoir un peu sur le dépointage, comme nous le verrons quand nous étudierons cette opération. Nous verrons, au sujet de l'empointage, la courbure par laquelle il faut terminer la règle du côté du porte-cylindres.

X

35. Nous avons besoin ici de poser quelques nouvelles définitions.

Nous appelons :

Rapport de forme, en un point de la tête ou du fond, le rapport entre l'épaisseur de la bobine en ce point, et la distance de la projection de ce point (sur l'axe) à celle du sommet de cette tête ou à l'origine.

Points homologues de deux ou plusieurs longueurs, les points de ces longueurs qui sont semblablement situés par rapport à leurs extrémités.

Points homologues et épaisseurs homologues de couches, les points et épaisseurs de couche dont les projections sur l'axe sont des points homologues des longueurs de ces couches.

Fractions homologues de couches et *de sections de couches,* les portions de couches ou de sections de couches contenues entre des plans perpendiculaires à l'axe, dont les intersections avec cet axe sont des points homologues des longueurs de ces couches.

Parties homologues des bobines, leurs parties principales qui sont sensées semblables, les noyaux, les corps, les fonds, etc.

Couches homologues des noyaux, ou des corps, ou généralement des bobines, celles qui, dans les noyaux ou dans les corps, se trouvent situées de telle manière que les rapports du volume du noyau ou du corps qui reste à former au volume du noyau ou du corps qui est déjà formé, sont les mêmes.

Points, bases, sommets..... homologues des bobines, les points qui, dans les couches homologues des bobines, sont des points homologues de couche. — Leurs altitudes sont également homologues.

Rapports homologues de formes de bobines, les rapports de forme qui sont pris en des points homologues des longueurs de la tête ou du fond des bobines.

Nous ferons remarquer, relativement au grand nombre des définitions que nous faisons, que ces définitions nous permettent de donner plus de clarté et plus de concision à nos démonstrations, et que leur adoption générale facilite-

8

rait singulièrement l'échange des idées entre hommes qui s'occupent dès métiers à filer self-acting.

36. Toutes les fois que nous voudrons substituer aux appréciations expérimentales de la réalité dans la bobine un calcul, une appréciation mathématique donnant des résultats rapprochés de la réalité, nous supposerons que le fil qui constitue une couche, au lieu de se composer de deux espèces d'hélices, se compose d'une série d'anneaux de fil ou cercles de différents diamètres. Et nous supposerons aussi que la section de ces fils est infiniment petite; que la longueur totale du fil qui constitue une couche est constante; que, par suite, le nombre des cercles ou tours de fil de chaque couche est toujours fini, tandis que le nombre des couches qui constituent la bobine est infini. Nous admettrons encore que les anneaux de fil et les couches se superposent sans laisser d'intervalles entre eux, que le fil est incompressible et homogène, et que, par conséquent, la bobine est de densité parfaitement uniforme. — De ces diverses suppositions il résulte que la bobine, dans toutes ses parties, peut être considérée comme engendrable géométriquement par la révolution de la section de ses parties autour de l'axe. — Considérons une pareille bobine s'*engendrant par la superposition continue d'anneaux de fil* qui viennent successivement former chaque couche de sa base à son sommet.

Avec ces suppositions nous allons présenter maintenant des considérations géométriques sur les relations qui existent entre quelques parties des bobines; c'est une théorie dans laquelle nous avons, en quelque sorte, enrégimenté les principaux problèmes qui peuvent se présenter et se résoudre au sujet des canettes.

37. Considérons (fig. 23) la section ABCD d'une bobine formée ou en formation sur une broche dont la droite X est l'axe, et que nous supposons cylindrique. Soient *a*, *b*, *c*... les sections des têtes des couches successives qui constituent cette bobine; Y un axe perpendiculaire à l'axe X, et passant par l'origine de bobine A. Nous appellerons *origine des axes*, leur point O d'intersection. Soit encore un axe Z perpendiculaire aux axes Y, X, et passant par leur origine O.

Nous appellerons *forme de tête*, la courbure d'une section de tête rapportée aux axes X, Y.

Portons sur l'axe Z, et à partir de l'origine, une longueur EO représentant le volume final de la bobine, et portons, à partir du point E, dans la direction EO, les volumes totaux successifs de la bobine.

Considérons en chaque point de l'axe Z, un plan parallèle aux axes X, Y. Supposons que sur ce plan se trouve transportée la forme de tête de la couche en formation, au moment où la bobine a acquis le volume total représenté par la distance du point E au point d'intersection de ce plan avec l'axe Z. Nous voyons que l'ensemble des formes de tête ainsi déplacées, constitue une surface courbe qui nous représente l'ensemble des phases par lesquelles passe la forme de la bobine pendant la génération de son volume. Nous lui donnerons le nom de *surface des formes*.

Il est facile de reconnaître que la surface des formes sera limitée; qu'elle coupera le plan X, Y, suivant la dernière section de tête C D; que la série des sommets de couche dessinera une ligne D F parallèle au plan X Z; que la série des bases du corps formera une ligne C G, également parallèle au plan X Z, si le corps de la bobine est cylindrique; que la section de la première tête, que l'on peut confondre avec la génératrice de la broche (puisque chaque couche est supposée d'un volume infiniment petit), formera une droite F H parallèle à l'axe X, et qui sera la quatrième limite de la surface des formes; enfin, que la série des bases du noyau formera une ligne H G. Si toutes les sections de tête étaient droites, on pourrait considérer la surface des formes comme engendrée par une droite toujours parallèle au plan Y X, et se transportant de la position H F à la position C D, en restant toujours en contact avec la ligne H G C d'une part, et la ligne F D de l'autre. — On comprend que cette surface des formes n'est pas continue au passage du noyau au corps, à cause du changement brusque de la direction dans laquelle se superposent les bases.

En projetant les lignes H G C et F D sur le plan X Z, nous trouvons des lignes E L M et I K qui nous représentent par leurs valeurs X les altitudes de base et de sommet des têtes de bobine par rapport aux valeurs Z, c'est-à-dire par rapport aux volumes acquis de la bobine.

Toutes les lignes, telles que N P Q, tracées ... le plan X Z, de façon que les distances qui existent entre chaque intersection de cette ligne avec une parallèle à X, et les intersections de cette parallèle avec les courbes E L M et I K des altitudes, soient dans le même rapport, sont les projections des points homologues de toutes les têtes de la bobine. — La ligne exactement moyenne dans ses valeurs X entre les lignes E L M et I K, représente, par conséquent, par ses X les altitudes des couches ou des milieux des couches, et par ses Z les volumes correspondants de la bobine.

Si l'on coupe la surface des formes par un plan parallèle au plan X Z, et distant de ce dernier d'une longueur r, la ligne d'intersection du plan parallèle considéré avec la surface des formes, ou sa projection sur le plan X Z, représente par ses X les altitudes des points de rayon *r* des différentes têtes, et par ses Z les volumes correspondants de la bobine. — Nous appelons cette courbe *courbe des altitudes de même rayon r.*

Si l'on coupe la surface des formes par un plan parallèle au plan Y Z, et distant de ce plan d'une longueur *t*, l'intersection de ce plan avec la surface des formes s'arrête d'une part à la ligne H G C, de l'autre à la ligne brisée H F D. Cette intersection représente par ses Y les rayons de même altitude *t*, et par ses Z les volumes acquis par la bobine aux moments où ses têtes ont à leur altitude *t* lesdits rayons Y. Cette intersection, nous l'appellerons *courbe des rayons de même altitude t* ou *des rayons conjoints d'altitude t.* Cette courbe deviendra la courbe des épaisseurs totales de même altitude, si on retranche de chacune de ses ordonnées l'intervalle des plans A H F D et Z X.

38. Considérons la surface des formes coupée par deux plans parallèles au plan X Y, et infiniment rapprochés. Les intersections de ces surfaces seront celles de deux têtes consécutives qui, dans la bobine, contiennent entre elles une des couches infiniment petites (en volume) qui composent cette dernière.

Considérons cette couche en formation de sa base à son sommet; soit λ la longueur variable de cette couche pendant sa formation, et f l'expression du nombre simultanément variable de cercles de fil se disposant sur la longueur λ.

L'expression $f = F(\lambda)$ nous représente la *loi de formation* de cette couche, et sa dérivée $\dfrac{df}{d\lambda} = F'(\lambda)$ nous représente ce que nous appelons *les modules* (7) de la couche par rapport aux valeurs λ.

Le lecteur comprend que l'épaisseur de couche est égale, en un point donné, au module, en ce point, multiplié par la section du fil; soit dit en passant.

Considérons construites sur l'un des plans secteurs en question plus haut, (plans parallèles au plan X Y), deux courbes ayant pour abscisses les abscisses X de la forme et pour ordonnées les valeurs correspondantes f et $\dfrac{df}{d\lambda}$. — Si nous considérons de pareilles constructions faites pour chaque plan parallèle à X Y, l'ensemble des courbes de formation et des modules nous donne deux surfaces que nous appellerons : l'une, *surface des lois de formation*; l'autre, *surface des modules* ou *des dérivées des lois de formation.*

En coupant ces surfaces par un plan parallèle à Y Z, nous avons, par l'intersection de ce plan avec la surface des formes, comme nous l'avons déjà dit, une courbe des rayons de même altitude et, par l'intersection avec la surface des modules, une courbe donnant la *loi des modules de même altitude*. Comme, toutes choses égales d'ailleurs, l'épaisseur de couche en un point, ou l'accroissement de rayon de même altitude, est proportionnelle au module en ce point, nous voyons que *la loi ou la courbe des modules de même altitude est un multiple de la loi ou de la courbe des épaisseurs conjointes et, par suite, un multiple de la dérivée de la courbe des rayons de même altitude.* (Nous disons qu'une loi ou une courbe est multiple d'une autre quand ses ordonnées de même abscisse sont dans le même rapport).

39. Soit actuellement V le volume de la bobine, S sa section totale. Considérons ces deux grandeurs, en génération simultanée, liées par l'expression $S = f(V)$; la différentielle $dS = f'(V) . dV$, exprime la section d'une couche; or $dV = sl$, s et l représentant la section et la longueur du fil qui constitue une couche. Substituant la valeur de dV, dans l'expression de dS, il vient

$$dS = f'(V) . sl, \text{ d'où } \frac{dS}{s} = f'(V) . l.$$

Le nombre N de tours du fil pour une couche est égal à $\frac{dS}{s}$, donc

$$N = f'(V) . l = \frac{dS}{dV} . l. \qquad (A)$$

Soit g la circonférence décrite autour de l'axe par le centre de gravité de la section de couche, on a $dV = g.dS$, d'où $\frac{1}{g} = \frac{dS}{dV} = f'(V)$. Substituons $\frac{1}{g}$ à $\frac{dS}{dV}$ dans l'équation (A), il vient $N = \frac{l}{g}$, d'où $Ng = l$.

Nous avons déjà reconnu la justesse de cette dernière expression au n° 18.

Pour une couche quelconque, la valeur maximum de f est égale à N.

D'après ce qui précède, on voit que *les lois de formation sont, en principe, indépendantes de s, mais, dans toutes leurs ordonnées (et par conséquent aussi dans leurs ordonnées maximum qui représentent N), proportionnelles à la longueur l du fil de chaque couche et en raison inverse de la circonférence g.*

40. Nous appelons *bobines égales*, les bobines ayant même surface de formes.

Nous appelons *bobine unitaire*, une bobine dont nous sommes satisfait, dont les diverses parties peuvent nous servir d'unité de mesure pour les mêmes parties homologues d'autres bobines. Nous supposons dans ce chapitre que nous savons arriver à cette bobine satisfaisante.

Nous appelons *surfaces unitaires*, les trois surfaces qui représentent la bobine unitaire dans ses formes et lois principales.

Si nous multiplions les dimensions X, Y, de la surface des formes par K et les dimensions Z, par K^3, nous obtenons une surface de formes qui correspond à une bobine semblable à certains égards à la bobine unitaire. — Si nous multiplions simultanément l par K^3, nous voyons que les X des surfaces des lois de formation et des modules seront également multipliées par K, que les valeurs Y des lois de formation seront multipliées par K^2, et les valeurs Y des modules par K. Quant à leurs valeurs Z, elles sont évidemment multipliées par K^3, comme dans la surface des formes. — Les bobines ainsi obtenues, nous les appellerons *bobines multiples*.

41. Dans l'application on a souvent des grandeurs susceptibles de varier d'une manière intermittente et de constituer par la série de leurs états, une progression obéissant à une loi fixe. Il arrive que, suivant les conditions diverses de l'application, ces états sont plus ou moins nombreux entre les mêmes extrêmes et obéissent néanmoins à la même loi. Il devient avantageux alors de représenter ces progressions par une fonction algébrique ou au moins une courbe contenant en elle tous les cas de l'application et même le cas où l'on suppose infini le nombre de ces états entre les mêmes limites.

C'est précisément à ce point de vue que nous avons d'abord supposé que les sections de fil et les volumes des couches sont infiniment petits. La continuité résultant de cette supposition dans les variations d'une bobine pendant sa formation, nous a permis de faire concevoir des surfaces continues, contenant en elles les phases par lesquelles passent les lois qui président à la formation des têtes successives et les phases par lesquelles passe la forme de la bobine.

Si, actuellement, nous supposons la section s du fil finie, sans supposer changée la longueur l du fil qui constitue chaque couche, nous voyons que les formes de tête seront le résultat des intersections de la surface des formes et de plans secteurs parallèles à XY, et espacés de quantités finies et égales; que les lois de formation et les lois de modules seront représentées par les intersections des mêmes plans avec les surfaces des lois de formation et des modules. Le nombre de ces plans secteurs variera comme le nombre des couches en raison inverse du volume d'une couche.

Il est clair que, pour que ces surfaces puissent ainsi contenir en elles, sans erreurs sensibles, toutes les couches des cas particuliers de l'application, il faut que le nombre des couches de la bobine soit assez grand pour pouvoir faire considérer le volume de chaque couche comme très petit, relativement au volume total de la bobine ; ainsi, il faut que la bobine se compose d'au moins cent couches.

42. On remarque que, dans les bobines égales, à couches de volumes finis ou non finis, les trois surfaces sont invariables quand s varie, mais qu'une variation de l amène une variation dans le même rapport des ordonnées des surfaces des lois de formation et des modules. On remarque aussi que, dans les bobines multiples, les volumes de couches variant comme l, et par suite comme K^3, le volume total variant aussi comme K^3, *le nombre de couches est invariable.*

Toutes les bobines multiples et leurs égales, constituent ce que nous appelons des bobines semblables.

Il est inutile de démontrer que, dans les bobines semblables, les modules conjoints d'une d'entre elles restent conjoints dans leurs homologues des autres ; cela résulte du principe même de la similitude.

43. Considérons la section A B C D (fig. 24) d'une couche quelconque. Soient X, son axe, Y un axe d'ordonnées coupant l'origine de la bobine dont la couche en question fait partie. Nous pouvons considérer cette section comme composée d'une infinité de rectangles élémentaires a, b, c, d....., d'épaisseurs infiniment petites, et dont les longueurs, ou grands côtés, sont parallèles à X, et mesurent par conséquent les *avances* des divers points de la couche. On peut considérer le volume de la couche comme composé de volumes annulaires élémentaires, engendrés chacun par la rotation de l'un des rectangles élémenmentaires cités. Les petits espaces vides résultant, dans la section, de cette division en rectangles élémentaires, peuvent être considérés comme nuls relativement aux avances, et par suite, à la section ; nous pouvons donc les négliger dans nos appréciations.

L'épaisseur de couche, en un point, est une grandeur proportionnelle au nombre de rectangles élémentaires coupés par le rayon en ce point. Si l'on opère sur ces volumes élémentaires des glissements ou déplacements relatifs, on voit que la couche peut arriver à affecter diverses formes sans changer ni de volume total, ni de section totale, on voit encore que, *dans cette opération, chaque avance de même rayon n'a pas changé* et que l'épaisseur seule peut varier avec la forme.

Concevons que ce déplacement des volumes annulaires élémentaires ait eu lieu de telle façon que les diverses altitudes primitives soient simplement variées dans un même rapport K, sans que les avances aient changé, nous voyons que, dans ces conditions, *les épaisseurs homologues des couches ancienne et nouvelle sont en raison inverse des longueurs de ces couches,* et varient par suite en raison inverse de K, puisque, dans les deux couches, deux rayons homologues coupent des nombres de rectangles élémentaires qui sont en raison inverse des longueurs de ces couches.

Mais nous supposerons généralement que la multiplication des altitudes a lieu sur les deux têtes de la couche et que, par conséquent, les avances sont aussi multipliées. D'autre part, comme nous l'avons fait pour les bobines semblables déjà considérées, nous supposerons la section s du fil *constante.* Dès lors: 1° la longueur l du fil est multipliée par K ; 2° les ordonnées de la loi de formation varient dans le rapport K, ainsi que leurs abscisses ; 3° les ordonnées de la loi des modules restent invariables, mais leurs abscisses varient dans le rapport K ; *4° les épaisseurs homologues de l'ancienne et de la nouvelle couche sont identiques.*

Au lieu de considérer une couche isolée, nous pouvons considérer l'ensemble des couches qui constituent une bobine. Qu'arriverait-il si on multipliait dans une bobine toutes les altitudes, sans varier les rayons? Il arriverait que le volume et la section de la bobine et de chacune de ses couches varieraient comme les altitudes. Les bobines conserveraient les mêmes épaisseurs totales homologues puisque les mêmes épaisseurs conjointes resteraient conjointes ; et s restant invariable, l aurait cru dans le rapport K. En sorte que : 1° la surface des formes serait multipliée par K dans ses X et dans ses Z ; 2° la surface des lois de formation serait multipliée par K dans ses trois dimensions ; 3° la surface des modules serait multipliée par K dans ses X et dans ses Z seulement.

Il est clair que si l'on voulait ensuite ramener l à sa valeur primitive, il faudrait varier encore le nombre des couches dans le rapport K.

Nous appelons ces bobines, *bobines semblables en longueur.*

44. Considérons de nouveau la couche A B C D (fig. 24). Si, au lieu de multiplier les altitudes, nous multipliions les rayons par K, chaque rectangle élémentaire croîtrait dans le rapport K en surface, et les volumes annulaires élémentaires, dans le rapport K^2. — Nous supposons toujours que S ne change pas dans ces transformations.

Les trois surfaces, celle des formes, celle des lois de formation et celle des modules auraient leurs ordonnées Y multipliées par K et leurs Z par K^2.

Les épaisseurs seraient multipliées par K.

Les longueurs l varieraient dans le rapport K^2, et les nombres de couches resteraient invariables.

Il est clair que si l'on voulait ensuite ramener l à sa valeur primitive (toujours sans changer s), il faudrait varier le nombre des couches dans le rapport K^2.

Ces dernières *bobines sont semblables en rayons.*

45. Soit G la circonférence décrite autour de l'axe par le centre de gravité de la section totale de la bobine.

On reconnaît, d'après les principes les plus élémentaires de la théorie des centres de gravité, que g et G, dans toutes les bobines semblables en rayon, sont simplement proportionnels à K.

46. *Formules de similitude.* — D'après tout ce que nous venons de dire, on voit que les lois de formation et de modules subissent simplement certaines modifications proportionnelles de leurs coordonnées suivant les modifications proportionnelles de la bobine. En adoptant une bobine unitaire et des surfaces unitaires, nous pouvons, pour toutes les bobines semblables et par conséquent *semblablement satisfaisantes,* représenter les parties de la bobine par des lettres *dont les unités respectives seront comptées sur les bobines et surfaces unitaires.*

Nous allons voir comment, avec cette convention, s'expriment algébriquement les diverses parties d'une bobine semblable à divers égards à la bobine unitaire. Et d'abord, définissons les lettres nouvelles que nous allons employer et rappelons le sens de celles dont nous nous sommes déjà servi.

l, longueur du fil d'une couche. — s, section du fil. — n, numéro du fil (on sait que s varie en raison inverse de n). — L, longueur d'une couche. — R, rayons. — g, circonférence décrite autour de l'axe par le centre de gravité de la section d'une couche. — G, circonférence décrite autour de l'axe par le centre de gravité de la section totale de la bobine. — V, volume variable de la bobine. — S, section du volume V. — dV et dS, différentielles ou accroissements infiniment petits de V et S ; ces grandeurs pourraient s'écrire ΔV et ΔS, si l'on voulait préciser qu'elles sont finies. — M, nombre total des couches de la bobine. — f, nombre variable de tours de fil d'une couche en formation. — N, valeur maximum de f dans une couche ou nombre de tours de fil de cette couche. — m, module. — E, épaisseur d'une couche. — a, avance. — $\partial\!\mathbb{L}$, avance à une extrémité de couche ou marche.

N. B. Pour éviter, dans nos équations, des coefficients tout à fait inutiles

9

dans le métier automate, surtout pour n'exprimer que des proportionnalités, nous emploierons le signe $\equiv$ pour les mots *proportionnel à*.

$$\text{Variables indépendantes} \begin{cases} l \\ s \text{ ou } \dfrac{1}{n} \\ L \text{ (Nous prenons les L en place des altitudes auxquelles d'ailleurs} \\ \quad\text{elles sont proportionnelles.)} \\ R \end{cases}$$

$$\left.\begin{array}{l} V \equiv LR^2 \\ S \equiv LR \end{array}\right. \qquad \left.\begin{array}{l} G \\ g \end{array}\right\} \equiv R$$

$$\Delta V = ls \equiv \frac{l}{n}$$

$$M \equiv \frac{LR^2}{ls} \equiv \frac{LR^2 n}{l}$$

$$\Delta S = \frac{S}{M} \equiv \frac{LR}{\left(\dfrac{LR^2}{ls}\right)} \equiv \frac{ls.\,LR}{LR^2} \equiv \frac{ls}{R} \equiv \frac{l}{Rn}.$$

$$N = \frac{\Delta S}{s} \equiv \frac{l}{R} \qquad f \equiv N \equiv \frac{l}{R} \equiv \frac{l}{g}$$

$$m \equiv \frac{f}{L} \equiv \frac{\left(\dfrac{l}{R}\right)}{L} \equiv \frac{l}{RL}$$

$$E \equiv ms \equiv \frac{ls}{RL} \equiv \frac{l}{LRn}$$

$$\mathfrak{M} \equiv a \equiv \frac{ls}{R} \equiv \frac{l}{Rn}$$

$$\frac{a}{E} \equiv L.$$

Il est facile de déduire de ces formules: 1° le cas où L varie seul en égalant R à l'unité; 2° le cas où R varie seul en égalant L à l'unité; 3° le cas où toutes les dimensions varient proportionnellement, en faisant $L = R$ et en remplaçant L par R dans les formules; 4° enfin, pour chacun des trois cas précédents les cas de s ou l variant seul et le cas de s et l invariables.

On reconnait clairement, en construisant ces formules, que les valeurs N, f, ne dépendent que de l et R; que les valeurs m dépendent de l, R, L; et que ces grandeurs N, f, m, constituant les lois de formation, sont entièrement indépendantes de s ou $\dfrac{1}{n}$.

Tous les problèmes sur les bobines semblables peuvent se résoudre avec les proportionnalités que nous venons de formuler.

N. B. On peut ne pas vouloir se servir de la bobine unitaire, ne pas aimer les formules que nous avons données tout à l'heure, ou plutôt leurs abréviations, et préférer des formules donnant les relations des parties de deux bobines semblables en général. — Donnons alors l'indice 1 aux lettres représentant (en mesures métriques, par exemple) les dimensions de la bobine à laquelle on compare, et l'indice 2 aux lettres représentant les dimensions de la bobine que l'on compare. On peut écrire alors les formules données plus haut, de la manière suivante :

$$\left.\begin{array}{l} l_1 \\ s_1 \ \text{ou} \ \dfrac{1}{n_1} \\ L_1 \\ R_1 \end{array}\right\} \text{Etant les dimensions de la bobine à laquelle on compare.}$$

$$\left.\begin{array}{l} l_2 \\ s_2 \ \text{ou} \ \dfrac{1}{n_2} \\ L_2 \\ R_2 \end{array}\right\} \text{Etant les dimensions de la bobine que l'on compare.}$$

On a successivement :

$$\left.\begin{array}{ll} \dfrac{V_2}{V_1} = \dfrac{L_2 \ R_2^2}{L_1 \ R_1} & \dfrac{G_2}{G_1} \\[2mm] \dfrac{S_2}{S_1} = \dfrac{L_2 \ R_2}{L_1 \ R_1} & \dfrac{g_2}{g_1} \end{array}\right\} = \dfrac{R_2}{R_1}$$

Nous ne continuons pas, le lecteur saura en faire autant pour les autres formules.

XI

LA SUPERPOSITION DES COUCHES ET LES PLATINES

47. Si nous considérons une canette qui se forme de couches toutes d'uniformes épaisseurs, nous n'avons qu'à imaginer sur une broche AB un point d'enroulement qui est animé d'un mouvement uniforme, dont l'altitude croît, à chaque allée et venue, d'une même quantité (fig. 25).

Dans les conditions les plus rigoureuses, ces couches successives auraient pour sections les rectangles 1, 2, 3, 4, 5, 6, 7, 8, 9, 10, 11, par exemple. — Les couches de la figure ont toutes la même longueur, et le déplacement de l'une à l'autre est constant.

On remarque que les escaliers formés par le fond et par la tête ne sont que le résultat d'une construction abstraite, et qu'en réalité la section de la bobine se présente à l'œil nu comme la figure 26.

On distingue facilement, dans ces figures, le noyau, qui est en hachures.

Chaque couche du noyau se compose d'une partie cylindrique et d'une partie conique. La partie cylindrique diminue de longueur d'une couche à l'autre, d'une quantité égale à la marche de base, et la partie conique s'accroît de longueur d'une couche à l'autre de la même quantité. Quand la partie cylindrique a disparu, des couches entièrement coniques se superposent et les diamètres de leurs bases sont égaux. Ces couches entièrement coniques constituent le corps de la bobine.

On voit encore que les intersections des parties coniques et cylindriques du noyau sont sur une même perpendiculaire à l'axe, laquelle passe par le sommet de la première couche.

On peut à volonté représenter la section de la figure 26, en donnant au fond une ligne continue mn ou une ligne brisée a, b, c, d, e..... Les volumes des espaces ainsi laissés vides pouvant mentalement être réduits à une quantité plus petite que toute quantité donnée en augmentant suffisamment le nombre de couches ou en réduisant suffisamment l'épaisseur de couche. — Il en est de même des sommets qui, au lieu d'être représentés par la ligne continue op de la génératrice de la broche, peuvent être représentés par la ligne brisée $a'\,b'$ $c'\,d'\,e'$.....

48. Supposons que le fond et les sommets forment ainsi des lignes brisées dont les parties a, c, e..... sont parallèles à l'axe de la broche, et dont les lignes b, d, f..... et b', d', f'..... sont perpendiculaires au même axe. — Si actuellement les couches, toujours d'uniformes épaisseurs, ont les marches de sommet plus ou moins grandes que celles de la base, comment se présentera la section de la bobine?

L'inclinaison de tête aura pour tangente le rapport de l'épaisseur de couche à la marche de sommet. L'inclinaison du fond aura pour tangente le rapport de l'épaisseur de couche à la marche de la base. On en conclut tout d'abord que quand les marches des extrémités sont égales, les épaisseurs étant uniformes, les inclinaisons de la tête et du fond le sont aussi.

Si, lorsque le noyau est fini, la marche de base, plus ou moins grande jusque-là que la marche du sommet, devient égale à cette dernière, on reconnaît sans peine que, ainsi que dans le cas où les marches des extrémités sont toujours égales, les bases successives forment un cylindre. — En effet, soit $a\,b\,c\,d$ (fig. 27), la section de la dernière couche du noyau. Du point a menons une parallèle à l'axe de la broche; cette parallèle coupe la tête $b\,c$ en e. Les couches étant d'égales épaisseurs et ayant par suite leurs sections de tête parallèles, il s'ensuit que $a\,e$ est parallèle et égal à $d\,f$, cette longueur $d\,f$ représentant la marche du sommet. Si pour la couche suivante la marche de base est égale à la marche du sommet, la base de la nouvelle couche tombe en e. L'épaisseur $e\,g$ étant égale à l'épaisseur $a\,b$, et $a\,e$ étant parallèle à l'axe, on voit que les points b, g ont des rayons égaux. — Le même raisonnement pouvant se faire pour les couches suivantes, ce que nous voulions faire saisir au lecteur est démontré.

Si, la marche du sommet étant plus grande que celle de la base, cette dernière ne varie pas après la terminaison du noyau, il arrive que le diamètre de base croît d'une couche à l'autre d'une quantité $e'\,h$ ou $g'\,j$ égale à la tangente de l'inclinaison de tête multipliée par la différence des marches, c'est-à-dire par $a\,e - i\,a$ ou, $h\,a$ étant égal à $i\,a$, par $a\,e - a\,h$ ou $h\,e$. Les bases continuent ainsi de croître, mais avec moins d'intensité que pendant la formation du noyau. En pareil cas la bobine aurait la forme représentée dans la figure 28.

On démontrerait d'une manière semblable que, dans le cas où les marches de la base seraient plus grandes que celles du sommet après que le noyau est formé, les épaisseurs de couches étant toujours identiques, les diamètres de base décroîtraient. La bobine aurait alors une forme représentée en section dans la figure 29.

Il est clair que les parties A B, C D, des figures 28 et 29, forment, avec une parallèle à l'axe, menée de la dernière base du noyau, des angles d'autant plus grands, que la différence des marches des extrémités est plus grande.

49. Si, pendant la formation de la bobine, la marche du sommet devient tout à coup plus grande, qu'arrive-t-il?

Soit (fig. 30) ab la dernière tête sans changement. Si la marche du sommet, au lieu d'être égale à ac devient double, devient comme af, l'épaisseur de couche étant constante, la tête de la couche suivante affecte théoriquement la forme $ihgf$ qui se compose d'une partie cylindrique hg. La couche qui vient après affecte la forme $i'h'g'f'lm$, qui se compose de deux parties cylindriques : la première de ces parties, $h'g'$, se formant sur la partie cylindrique de la tête précédente; la seconde, $f'l$, se formant dans les conditions où s'était formée la partie cylindrique hg. Et ainsi de suite.

On voit qu'en remplaçant les lignes brisées par des lignes continues, afin de représenter la réalité, on trouve, pour section des couches successives, la figure 31, dont les têtes se composent vers le sommet d'une partie moins conique que les têtes antérieures, c'est-à-dire d'une partie ayant moindre inclinaison de tête. Cette partie moins conique s'accroît d'une couche à l'autre et finit par envahir toute la couche, qui change ainsi d'inclinaison de tête.

Les mêmes raisonnements nous feraient voir que si les marches du sommet, au lieu d'être subitement accrues, s'étaient raccourcies, la section de bobine vers le raccourcissement serait représentée par la figure 32 ou, plutôt, par la figure 33. On voit que, dans le cas considéré, les couches successives se constituent de deux parties, dont celle du sommet est plus conique que l'autre; que, comme dans le cas de l'allongement, cette dernière croit en longueur d'une couche à l'autre et finit par envahir toute la couche.

Dans les deux cas précédents, la couche s'accroît ou se raccourcit en longueur par l'action du sommet. Et quand la couche a changé de conicité, il arrive que les marches de base doivent devenir égales à celles du sommet pour maintenir la cylindricité du corps, sans quoi il se produit les effets déjà examinés du cas où la marche de base est plus grande ou plus petite que celle du sommet pendant la formation du corps — les épaisseurs des couches étant toujours uniformes.

50. Tous les effets que nous venons de décrire et qui peuvent s'appeler *gros-*

sissement ou *dégrossissement de base, allongement* ou *raccourcissement* de sommet, peuvent se produire deux à deux simultanément, l'un sur la base, l'autre sur le sommet. Le lecteur s'en rendra compte facilement. Il se rendra facilement compte aussi que si les marches d'extrêmes ne sont pas égales pendant la formation du noyau et si la marche de base devient égale à celle du sommet trop tôt, c'est-à-dire avant la fin du noyau, ou trop tard, c'est-à-dire après la fin du noyau, il arrive dans le premier cas *que la bobine acquiert un diamètre trop grand*, et dans le second cas *qu'elle n'atteint pas le diamètre voulu*.

51. Les noyaux qui ont une partie cylindrique sont inadmissibles pour des canettes à cause de la difficulté que la partie cylindrique présente au dévidage par un bout dans une direction parallèle à l'axe et sans mouvement de la part de la canette.

Si l'on considère le noyau comme composé de couches dont les épaisseurs vont en croissant du sommet à la base (fig. 33 *bis*), on reconnaît aussi que normalement les têtes successives se composent de deux parties inégalement coniques : l'inclinaison de tête est plus grande dans la partie qui est vers le sommet que dans la partie qui est vers la base ; ces deux inclinaisons croissent toutes deux d'une couche à l'autre ; la première tend à disparaître et, quand le noyau est achevé, l'inclinaison de tête du côté des sommets reste seule. A partir de ce moment, les couches successives sont dans les mêmes conditions que celles que nous avons examinées dans les numéros précédents.

52. Supposons actuellement que les bobines composées de couches d'uniformes épaisseurs que nous avons passées en revue, soient, dans chacune de leurs couches, décomposées en le nombre voulu de couches partielles pour que toutes ces bobines se composent de couches équivalentes en volume. Nous pouvons de suite admettre que les mêmes défauts que nous avons décrits pourront se reproduire semblablement avec cette supposition.

On voit donc que, connaissant les défauts décrits dans ce chapitre, on peut, étant donnée une bobine qui se fait dans de bonnes conditions, *prévoir* les effets de modifications défectueuses introduites dans les marches. — Il y a cependant, dans la réalité du métier automate, un élément dont nous n'avons pas encore parlé dans ce chapitre, et qui fait que les effets divers que nous venons de reconnaître sur les bobines dont les couches sont d'égales épaisseurs, sont modifiés :

Si, par exemple, le noyau est fini trop tôt, les couches suivantes continuent à avoir de la croissance d'épaisseur du sommet à la base, et cette croissance résulte du secteur qui ne cesse d'en donner que quand, par suite de l'accroissement du diamètre, il faut moins de nombres de tours aux broches pour absorber le fil d'une aiguillée. En sorte que, dans le cas supposé, le diamètre de base continue à croître, mais moins vite.

Si la croissance des épaisseurs n'est pas annulée quand le noyau doit être fini, il saute aux yeux que, pour que le corps soit cylindrique, il faut que les marches de base continuent à être plus grandes que celles du sommet.

Si l'on avait, pour le corps, décroissance d'épaisseur du sommet à la base, il saute aux yeux que la marche du sommet devrait être plus grande que celle de la base.

Dans le cas où le rapport d'extrêmes est ainsi, pour le corps, plus grand ou plus petit que l'unité, les couches du corps se raccourcissent ou s'allongent continuellement.

53. On a remarqué que dans ce traité nous avons commencé par étudier le renvidage des différentes couches suivant certaines lois en pressentant simplement que leur superposition peut donner la bobine voulue. — Il semble qu'il eût été plus rationnel de commencer par l'étude des canettes et des conditions dans lesquelles doivent se trouver leurs différentes couches. Mais nous avons dit, et l'on comprend *à priori*, qu'une canette remplissant les conditions qu'on exige d'elle peut être composée d'une infinité de manières. On pourrait, en effet, tracer de mille manières sur la section donnée d'une bobine, une série de lignes pouvant représenter par leurs intervalles une série de couches équivalentes en volume. Il faudrait ensuite, si l'on voulait partir de là, chercher les mécanismes voulus pour la génération des diverses couches. Nous avons déjà dit (13) qu'un procédé synthétique de ce genre n'est pas praticable dans l'état d'avancement actuel de la cinématique. Pour le métier automate, on a apprécié, de prime abord, l'étendue du problème à résoudre, puis on a cherché des mécanismes fournissant des lois de mouvement qui paraissaient se rapprocher de ce qu'il fallait trouver; on s'en est arrangé et l'on a cherché à rendre les meilleures possibles les bobines qu'elles produisaient. Notre exposition des métiers automates suit, comme on voit, la même méthode analytique que celle que suivent, dans leur création, la plupart des inventeurs.

Ainsi que le lecteur l'a sans doute déjà deviné, les sections de bobine que nous avons données ne montrent pas des couches réellement isolées. En réalité la première couche apparaît comme un fil enroulé en formant des spires plus rapprochées entre elles vers la base que vers le sommet. Le fil, dans la seconde couche, pénètre en partie dans les vides laissés entre les spires de la première couche.

Dans la troisième couche le même effet se reproduit relativement aux deux couches précédentes, et ainsi de suite. Ce n'est qu'après plusieurs couches que l'on peut apprécier la tête obtenue. Et quand on veut obtenir le dessbin de la section des couches, il faut prendre celui de têtes ayant 20 à 30 couches d'intervalle. Sans quoi, en supposant qu'on pût prendre exactement la forme d'une tête, on n'obtiendrait que des coupes de fil espacées. — Ce que nous appelons épaisseur d'une couche en un point n'est donc qu'une moyenne que l'appréciation directe sur une couche ne saurait fournir.

. Chaque couche de la bobine se compose, comme on sait, d'une égale longueur de fil, ce qui ne veut pas dire que les volumes occupés par les couches sont réellement égaux, car les croisements du fil laissent des espaces vides qui varient avec les angles de ces croisements et les nombres de tours; de plus, la compression ou tension du fil pendant son enroulement n'est pas égale et l'élasticité de la bobine varie avec les rayons.

Le volume de la bobine dépend donc à un moment quelconque : 1° du numéro et de la nature du fil; 2° de la tension variable de ce fil pendant son enroulement; 3°. de la progression des altitudes de base et de celle des altitudes de sommet; 4° des croisements du fil; 5° des lois suivant lesquelles l'enroulement a lieu dans les différentes couches. On verra plus tard que les différences de vitesse du moteur, les élasticités des organes de la machine ont aussi une très grande influence et que même *deux machines identiques en apparence ont cependant des différences invisibles suffisamment influentes pour donner des formes différentes aux bobines qu'elles produisent.* En voilà plus qu'assez pour faire comprendre au lecteur que les influences insaisissables ayant une très grande part dans la formation des canettes, on ne peut assigner directement à ces dernières leur forme finale. — Tout ce que nous venons de dire explique que, relativement au tracé des platines, l'expérience n'obéit pas plus à une épure que celle-ci ne peut se soumettre à la réalité en en embrassant tous les éléments influents.

Il y a cependant quelque chose à faire pour ne laisser au tâtonnement que la détermination d'un *appoint,* pour donner à celui qui veut tracer des platines, sinon un mètre, du moins un flambeau éclairant ses appréciations. Pour y arriver, nous nous servirons autant du raisonnement *à priori* que des expériences faites par les praticiens.

54. Ayant tracé la règle avec la loi de rotation donnée, pour une couche du corps A B (fig. 34), comment peuvent se placer sur la broche une série de couches d'épaisseurs croissantes formant le noyau sur lequel doit s'asseoir la couche A B?

Nous remarquons : 1° Que par le secteur, tant que le nez de ce dernier n'agit pas (et il n'agit pas pour le noyau), la vitesse rotatoire de la broche, à la fin de la quatrième période, est toujours la même; 2° que les épaisseurs des couches sont en raison inverse des longueurs de ces couches, toutes choses égales d'ailleurs; que, par suite, les épaisseurs des sommets des couches d'une bobine sont égales si les longueurs de couches sont égales, et que, si les longueurs varient, ces épaisseurs varient en raison inverse.

Toute couche qui aura la même inclinaison de tête supérieure* que la couche A B pourra lui servir d'assise. Mais toute couche qui aura cette même inclinaison de tête supérieure, le même volume et la même longueur, lui sera identique, et aura, par suite, son inclinaison de tête inférieure égale à celle supérieure. — La superposition de deux couches pareilles serait représentée en section par la juxtaposition de deux parallélogrammes égaux A B et C D, ayant leurs sommets à égale distance du centre ou de l'axe, et, par conséquent, ayant à leurs bases des *diamètres égaux*. — Le noyau, comme on voit, ne saurait se former avec de semblables couches. Mais si la couche sur laquelle doit s'appuyer la couche A B est moins longue, ce sera différent, puisque alors l'inclinaison de tête inférieure diminuera (17), l'épaisseur devant croître du sommet à la base.

Dans les couches successives qu'on peut ainsi placer sous la couche A B, l'épaisseur de couche croît de plus en plus du sommet à la base, en raison : 1° de l'inclinaison de tête, de plus en plus petite; 2° du raccourcissement continuel de longueur. Ce dernier point fera croître l'épaisseur du sommet; et l'on comprend que les marches du sommet étant proportionnelles aux épaisseurs de ce dernier, croîtront comme ces épaisseurs.

On reconnaît, en conséquence, en reprenant l'origine pour point de départ des progressions : 1° *que le noyau doit avoir des couches croissantes en longueur depuis l'origine;* 2° *que les marches du sommet et de la base, dans le noyau et à partir de l'origine, décroissent.*

55. Nous avons déjà dit (28) que le nez du secteur agit, vers la fin de la formation de la bobine, de manière à combler, par une addition de nombres de tours de broches, le volume laissé par la diminution de diamètre des broches. — Signalons que le rapport d'extrêmes dans le métier automate est toujours, pour ainsi dire, plus grand que l'unité, en sorte que la marche de base pendant la formation du corps est plus grande que celle du sommet. Cette dernière décroît même à cause de la diminution de diamètre de la broche pour laisser le

* Inclinaison de tête, sans désignation, veut dire inclinaison de tête supérieure.

nez du secteur produire son effet. *La longueur des couches, qui croît pendant la formation du noyau, diminue donc pendant la formation du corps.*

On remarque encore *que la progression des marches du sommet est continue;* le passage du noyau au corps n'a sur ces marches aucune influence, les avances du sommet se superposant suivant une même ligne et correspondant à des épaisseurs à peu près égales et dont les variations sont faibles et continues.

Quant aux marches de base, le brusque changement qu'elles éprouvent au passage du noyau au corps s'explique par le changement de la direction dans laquelle les bases se succèdent.

56. Ces appréciations, en quelque sorte *visuelles*, permettent de se rendre un peu compte des proportions nécessaires aux parties des bonnes bobines. Ces proportions peuvent être conçues variables entre des limites très écartées; nous allons donner les limites de celles que l'expérience nous a montrées bonnes.

D'après ce que nous avons dit au numéro 30, nous pouvons chercher l'expression de l'épaisseur E de la bobine maximum.

Soit D_o le diamètre de la broche à l'origine et soit D_b le diamètre du corps de la bobine; on a $D_b = 4,5\, D_o$, $E = \frac{1}{2}\,(D_b - D_o) = \frac{1}{2}\,(4,5\, D_o - D_o) = 1,75\, D_o$, ou $E = \frac{7}{4}\, D_o$.

Voilà la valeur de E, au commencement du corps.

Les proportions des parties principales de la bobine dépendent de E.

Considérons (fig. 35) une bobine en section.

Soient X l'axe de la broche; — P Q la génératrice de cette broche; — R S T U le contour de la bobine; — S V la tête du noyau; — R I la première couche; — W et K les projections sur la génératrice de la broche, des bases de la tête du noyau et de la dernière tête du corps. — L'épaisseur E de la bobine est représentée par la longueur S W. — Soient L_{tc} la longueur K U de la tête du corps; — L_f la longueur O W du fond; — L_{to} la longueur O I de la tête de la première couche, partant de l'origine O; — L_{tn} la longueur W V de la tête du noyau; — L_n la longueur R V du noyau.

La longueur de la tête du corps est admise 3 à 4 fois plus grande que l'épaisseur de bobine : $L_{tc} = (3 \text{ à } 4)\, E$.

La longueur du fond est admise de 2,2 à 2,7 fois l'épaisseur :
$L_f = (2,2 \text{ à } 2,7)\, E$.

La longueur de la première couche du noyau est admise d'un cinquième environ plus grande que celle du fond, $L_{to} = \frac{6}{5} L_f$, ou en substituant à L_f sa valeur écrite plus haut, $L_{to} = \frac{6}{5} (2,2 \text{ à } 2,7) E = (2,64 \text{ à } 3,24) E$.

La longueur de la tête du noyau est admise entre les $7/6^{\text{ièmes}}$ et les $6/5^{\text{ièmes}}$ de la tête du corps : $L_{tn} = \left(\frac{7}{6} \text{ à } \frac{6}{5} \right) L_{tc}$, ou, en substituant à L_{tc} sa valeur écrite plus haut, $L_{tn} = \left(\frac{7}{6} \text{ à } \frac{6}{5} \right) (3 \text{ à } 4) E = \left(\frac{21}{6} \text{ à } \frac{24}{5} \right) E = (3, 5 \text{ à } 4,8) E$.

La longueur du noyau est égale à la somme des longueurs de sa tête et du fond : $L_n = L_{tn} + L_f$ ou, en substituant à L_{tn} et L_f leurs valeurs écrites plus haut, $L_n = (3,5 \text{ à } 4,8) E + (2,2 \text{ à } 2,7) E = (5,7 \text{ à } 7,5) E$.

La longueur de l'aiguille restante, après que la bobine est achevée, doit être au moins égale à 4 fois le diamètre de la broche à l'étoile.

La distance entre l'origine de bobine et le collet de broche doit être au moins égale au diamètre de la broche à l'origine.

57. Voici maintenant comment on peut apprécier les marches de base et de sommet des différentes couches.

Pour le sommet, nous remarquons que la première couche étant environ d'un tiers moins longue que la dernière couche du noyau, la première marche de sommet est d'un tiers plus grande que la dernière dudit noyau. En admettant, pour fixer les idées, 20 couches dans le noyau, nous pouvons déterminer les positions de leurs sommets en divisant la longueur I V en 20 parties décroissantes de 1 en V comme 3 à 2 dans une progression arithmétique.

Quant aux marches de base du noyau, comme les diamètres de ces bases varient d'ordinaire comme 1 à 4 environ et que les longueurs de couche varient d'ordinaire comme 2 à 3, les épaisseurs et marches étant inverses à ces deux proportions, varieront comme 3×4 à 2×1, c'est-à-dire comme 12 à 2 ou 6 à 1. C'est donc de 0 en W, projection de S, 20 divisions décroissantes comme 6 à 1 qu'il faut porter comme expression des marches de base correspondantes à celles de sommet que nous avons déterminées tout à l'heure.

Pendant la formation du corps nous voyons ensuite la marche du sommet continuer à décroître insensiblement et celle de base devenir, dès le début du corps, brusquement un peu plus grande que celle du sommet et rester ensuite à peu près constante.

58. Voici maintenant comment, de prime abord, nous pouvons tracer les platines :

Occupons-nous d'abord de la platine des bases qui est située du côté de la petite têtière, le nez N (fig. 20) étant sous l'extrême-point.

A B (fig. 36) étant la course totale attribuée aux platines, nous calculons les volumes du noyau et du corps de notre bobine dessinée dans ses parties principales, premières et dernières couches du noyau et du corps, et nous divisons A B par un point C en deux parties proportionnelles aux volumes du noyau et du corps. En A, en B et en C nous élevons des perpendiculaires : à la première A D nous donnons une longueur telle que sur elle l'extrême-point de la règle mette le guide-fil en regard de l'origine, sur la machine (c'est une épure spéciale à faire et que le lecteur saura parfaitement exécuter); à la deuxième B I nous donnons une longueur telle que sur elle l'extrême point mette le guide-fil en regard de la base de la dernière couche du corps; à la troisième C E nous donnons une longueur telle que sur elle l'extrême-point mette le guide-fil en regard de la base de la tête du noyau.

Du point D menons une parallèle D G à A B et prolongeons la droite C E jusqu'en F, intersection avec D G. Puis, du point F, dans la direction du point D, portons une distance F O égale au vingtième de D F, et du point O, avec O E pour rayon, décrivons un arc de cercle E H que nous arrêtons à la ligne D G. Divsons cet arc ainsi que la distance D F chacun en un même nombre de parties égales, en cinq parties par exemple. Des points de division de l'arc menons des parallèles à A B et de ceux de D F des perpendiculaires. La série des points d'intersection des parallèles de même rang, en partant de D et H simultanément, nous permet de tracer une courbe D E qui deviendra, après les quelques coups de lime de l'appropriation pratique, la courbe de la partie de la platine de base qui correspond au noyau. — En joignant les points E et I par une droite, nous complétons la courbe de la platine de base. Cette partie E I est aussi toujours à retoucher.

Passons à la platine du sommet.

D'après les proportions données dans le numéro 56, nous effectuons sur les ordonnées A, C, B, des soustractions de longueur d'ordonnée (à partir des points D, E, I) représentant, dans l'élévation qu'elles produisent sur le guide-fil, les longueurs de couche à l'origine, à la fin du noyau et à la fin du corps. Nous déterminons ainsi les points K, L, M, par lesquels nous faisons passer un arc de cercle, qui, après retouches, deviendra la courbe cherchée.

Nous avons dit les raisons pour lesquelles on a trouvé bon, dans certains métiers, de donner à la règle un mouvement de déplacement horizontal, et cela au moyen d'une coulisse oblique dans laquelle la règle est engagée par un tourillon et suivant laquelle elle est obligée de se mouvoir. Ce mouvement entraîne nécessairement une modification dans le tracé des platines. Soient (fig. 37) D la ligne suivant laquelle se meuvent les platines; B C la quantité totale dont, par les platines, le tourillon précité de la règle doit s'abaisser pendant une levée. Soient H I une ligne indiquant l'inclinaison de la coulisse oblique; I E la longueur de course des platines pour une levée; C A F une des courbes de platines, celle de la platine de base par exemple. Divisons I E en un certain nombre de parties égales qui nous fournissent les points I, 1, 2, 3... E. De ces différents points élevons des perpendiculaires qui viennent couper la courbe C A F en des points C, 1', 2', 3'... F; menons également, des mêmes points, des parallèles à la droite I H. Enfin, des points de division C, 1', 2', 3'.... F de la courbe C A F, menons des parallèles à la droite E I. Les points d'intersection J, 1″, 2″ 3″... G des parallèles de même rang, étant unis par une courbe continue, nous donnent la courbe supérieure de la platine nécessitée par la coulisse oblique. Ce procédé élémentaire n'a pas besoin de démonstration.

Lorsque dès le début, on crée la platine pour une coulisse oblique, on prend immédiatement, pour ordonnées, des parallèles à la coulisse, et l'on détermine les points de ces platines qui correspondent à l'origine, à la dernière couche du noyau et à la dernière couche du corps. Le tracé empirique déjà cité des courbes se fait ensuite comme nous l'avons expliqué, seulement on substitue aux perpendiculaires à la ligne de parcours des platines, des obliques. Si l'on trouvait convenance à établir une coulisse courbe, les parallèles obliques de la figure 37 seraient des courbes, à certains égards parallèles.

On a substitué quelquefois des excentriques aux platines; il y a alors, sous la règle, un arbre qui, par l'effet d'un mécanisme à rochet et cliquet, fait tourner les excentriques et déplace la règle. C'est une disposition fort simple produisant le même effet que celle des platines, mais elle est moins commode à régler et, à retoucher.

59. On ne tient pas compte, dans ces tracés, des inclinaisons d'enroulement parce qu'on se fonde 1° sur les lois que nous avons citées à la fin du numéro 21; 2° sur ce qu'on peut varier l'inclinaison générale du système de la règle et de ses platines (32) en variant celle du support général H I J K (fig. 20); 3° sur le tâtonnement d'appropriation. On ne tient pas compte non plus des observations faites au numéro 24 sur l'influence des mécanismes qui commandent la baguette; il est suffisant d'avoir ces influences présentes à l'esprit pendant qu'on approprie les platines. — En faisant ce dernier travail, il faut ne se trouver que dans le cas d'enlever de la matière à la lime, car une nécessité contraire est

incommode et oblige même quelquefois au changement complet de la platine. Les tracés que nous avons indiqués laissent sous ce rapport assez de latitude d'enlèvement.

Les formes auxquelles aboutissent les platines, varient suivant les conditions dans lesquelles celui qui les expérimente et les retouche a placé les organes essentiels de la machine; aussi deux expérimentateurs différents arrivent-ils infailliblement à des platines différentes (53); cependant tant que les organes essentiels sont ceux ordinaires que nous avons décrits, toutes les platines auxquelles ils peuvent arriver ont la même forme générale.

Pour la platine du continu à filer (12) comme pour les platines de la règle au métier automate, quand on juge que les marches des couches sont, en certains moments, trop grandes ou trop petites, on agit manuellement à chaque couche sur le rochet, de manière à opérer sur la platine un avancement ou un retard. On note le rang des aiguillées, les nombres de dents d'avance ou de retard qu'on a donnés pendant ces aiguillées, et on retouche ensuite les platines en s'appuyant sur les données de cette expérience.

Il est inutile de dire quand et comment on retouche chaque platine isolément; le lecteur saura bien voir que quand la bobine montre, en un point, des marches trop grandes ou trop petites pour la base ou pour le sommet, cela veut dire que la courbure de la platine des bases ou des sommets, au point correspondant, est trop ou trop peu inclinée, trop ou trop peu rapide. — En retouchant un défaut de ce genre, il faut souvent, pour ne pas corriger un défaut en un point en en faisant naître un autre à côté, retoucher la courbure de toute la platine. — L'étude des causes dont résultent la plupart des défauts dans les bobines, étude que nous avons faite au commencement de ce chapitre, facilite et accélère beaucoup ces travaux de retouche.

La partie de la platine de base qui correspond au noyau présente, lorsqu'elle n'est pas parfaite, deux cas de défaut immédiatement reconnaissables. Ou la courbure est moins prononcée c'est-à-dire moins convexe, ou elle l'est plus que la courbe parfaite : Dans le premier cas, les marches de base sont trop faibles au commencement et trop grandes à la fin du noyau; dans le second cas, elles sont trop grandes au commencement du noyau et trop faibles à la fin. Dans le premier cas, le fond affecte une forme dont la section est représentée par une ligne abc (fig. 38); dans le second cas, cette section est représentée par une ligne $aedc$; la section souhaitée étant donnée par exemple par la droite ah.

Avant de passer à d'autres sujets, nous devons recommander, pour la correction des platines et de la règle, de s'assurer, avant de procéder à une retouche, que toutes les parties de la bobine sont à peu près également serrées, sans quoi il se pourrait que l'on corrigeât par les platines un défaut d'un autre organe, de la contre-baguette par exemple, et qu'ensuite la suppression accidentelle ou intentionnée de ce dernier défaut amenât un défaut provenant de la retouche subie par les platines.

60. Quand nous avons parlé d'un continu faisant les canettes (12), on a vu, par la construction même du mécanisme, que les couches de cette machine sont toutes de même longueur. D'après les observations que nous avons faites au numéro 54, il est utile de les raccourcir dans le noyau comme au métier automate; il suffit, pour cela, de substituer à l'excentrique que nous avons mis à ce continu, un excentrique *conique* qui puisse, au fur et à mesure de l'avancement des bobines, se déplacer pour présenter, à son galet, une ligne de parcours variable avec des excentricités croissantes.

Nous devons d'ailleurs signaler qu'il y a dans la faible longueur des premières couches du noyau un très grand avantage, en ce sens que cette faible longueur hâtant la conicité rend plus facile le dévidage des premières couches : la difficulté du dévidage de ces couches fait que, dans bien des tissages qui se servent de bobines imparfaites, on rejette la bobine avant son complet dévidage ; il en résulte un déchet considérable.

61. Nous rappellerons, en passant, une forme de bobine montée sur une assise en bois et qui nous a été indiquée par M. Gustave Dollfus. A est la broche (fig. 39), B une assise en bois dont la partie supérieure forme un cône très obtus. La forme du noyau est donnée en coupe par le polygone irrégulier CDEF. La base, comme on voit, descend d'abord puis remonte ; aussi la forme qu'il faut alors donner à la platine est représentée par la ligne *abcd* dans la figure 40. Le lecteur trouvera lui-même pour cette platine une construction graphique analogue à celle de la platine de base ordinaire. — L'assise B est en bois et s'enlève avec la bobine.

62. Quand on veut changer le numéro du fil, on modifie le rochet des platines en se servant de la formule $M = \dfrac{LR^2 n}{l}$ qui, si L, R et l sont constants, se réduit à $M = n$. Ce que nous pouvons exprimer en disant que *le nombre de couches, toutes choses égales d'ailleurs, est proportionnel au numéro.* Nous pouvons l'écrire aussi $M_1 : M_2 :: n_1 : n_2$.

Si, ce changement opéré, on voit que le diamètre extérieur de la bobine est plus ou moins grand qu'auparavant, cela prouve que le nouveau fil n'est pas absolument dans des conditions physiques semblables à celles du premier. Il faut alors, par tâtonnement, ramener le nombre de dents du rochet à ce qu'il doit être pour arriver au diamètre ancien, lorsqu'on désire que ce dernier reste celui de la bobine. — Quand la bobine ne paraît pas assez serrée, assez dure, on surcharge la contre-baguette de manière à augmenter la tension du fil. La compression des couches étant alors plus grande, le diamètre extérieur de la bobine diminue, à moins qu'on n'augmente, d'une quantité à déterminer par tâtonnement, le nombre des dents du rochet. — Trop de tension du fil cause beaucoup de ruptures de fil : quand, pour remédier à un tel défaut, on diminue la charge de la contre-baguette, on opère inversement, c'est-à-dire que le diamètre extérieur tendant à croître, il faut diminuer le nombre de dents du rochet.

Dans le chapitre de la similitude des bobines, nous faisions une théorie mathématique fondée sur des faits hypothétiques rapprochés de la vérité (36). La bobine réelle étant différente en constitution de celle qui nous a servi d'étude dans ledit chapitre, la réalité diffère aussi, quant aux résultats, de l'application des formules que nous avons trouvées. Cependant, admettant que nous avons obtenu à un métier une bonne bobine, si les circonstances mécaniques et physiques insaisissables, dans lesquelles cette bonne bobine s'est faite, se reproduisent semblablement pour une autre bobine, nous pouvons admettre qu'elles produiront sur cette dernière des effets semblables. Par conséquent, nous pouvons nous servir des résultats de cette étude géométrique pour, dans les métiers automates, baser nos tracés pour une nouvelle canette sur le tracé des organes d'un métier formant déjà des canettes satisfaisantes. — De cette manière la difficulté vaincue pour une première bobine n'est plus à vaincre pour de nouvelles. — Cependant les circonstances mécaniques et physiques ne peuvent se présenter d'une manière semblable pour une nouvelle bobine que lorsque la similitude de proportion existe entre le métier destiné à cette nouvelle bobine et celui qui confectionne la première. Ce n'est pas là le cas ordinaire, en sorte que l'application des formules du chapitre X a, presque toujours, besoin d'un travail complémentaire d'appropriation.

63. Si l'on veut substituer, dans un métier, à une bobine, une autre bobine semblable en altitudes ou en longueurs, on reconnaît qu'il suffit, en ne s'arrêtant pas trop à la rigueur, d'augmenter, dans le rapport des altitudes anciennes et nouvelles, les ordonnées des platines et de la règle ; on peut même pour la règle ne faire que varier son inclinaison. — On peut aussi, au lieu de modifier ces organes, varier, en rapport inverse des altitudes, le rayon du pousse-baguette ou celui de l'arc de cercle denté qui peut le remplacer (24). —

Ces variations, faites entre des limites rapprochées, ne modifient pas beaucoup
les prévisions de la similitude ; mais si elles sont fortes, on cesse de se trouver
dans des circonstances tout à fait semblables, — le rayon de l'arc décrit par le
guide-fil et la broche n'ayant pas changé.

Si l'on ne veut que changer les longueurs de couche, il faut varier l'inclinaison de la règle seule. — Cette règle, par un système de coulisses de réglage
facile à se figurer, permet la variation de son inclinaison, en permettant le déplacement de ses nez dans ledit système de coulisses.

Ne modifier que la longueur des couches sans rien changer d'autre semble
devoir exiger la modification des platines. Mais il en est rarement ainsi.

Allonger trop les couches, donne au fond une tendance à la convexité ; trop
les raccourcir donne, à ce fond, une tendance à la concavité. Quant aux têtes
qui en résultent, elles varient un peu. Et si le diamètre du corps varie trop d'une
de ses extrémités à l'autre, on retouche l'une des platines, la platine de base, ou
simplement on met en dessous d'elle, d'un côté ou de l'autre, *une mise* de manière à la rendre un peu moins ou un peu plus inclinée.

L'augmentation ou la diminution du nombre de dents du rochet fait grossir
ou diminuer la bobine dans son diamètre, toutes choses égales d'ailleurs ; mais
quand on veut augmenter beaucoup les rayons des bobines, il faut varier sensiblement la règle et le secteur, et un peu les platines. En se basant sur tout
ce que nous avons dit jusqu'ici, le lecteur verra lui-même quelles sont ces variations.

Quand on veut augmenter ou diminuer le fond, on agit sur la partie de la
platine de base qui correspond au fond.

L'étude géométrique que nous avons donnée au chapitre X, est très utile
quand il s'agit de faire des bobines très différentes en dimensions et *de construire*
des métiers appropriés à ces bobines : elle éclaire beaucoup pour mettre ces
bobines dans des circonstances entièrement semblables à celles dans lesquelles
on a obtenu une bobine satisfaisante.

64. Les bobines d'un métier automate doivent constituer au tissage la
chaîne ou *la trame*. Dans le premier cas, elles sont plus grandes que dans le
second.

Que faut-il faire quand un métier fait de bonnes bobines de chaîne et qu'on
veut lui faire exécuter ensuite des bobines de trame ?

La similitude parfaite ne peut exister entre les nouvelles bobines et les anciennes puisque le diamètre des broches ne change pas. Donc, en se basant sur
les principes de la similitude des bobines on ne sera pas entièrement dans la

vérité : le barillet ne changera pas de diamètre, le point d'attache de la chaine au secteur ne variera pas pour la première couche. Les couches du corps ayant moindre diamètre de base auront plus de tours de fil, mais pour cela le point d'attache de la chaine au secteur montera moins haut. Mais s'il monte moins haut, le rapport d'extrêmes est plus grand pour les couches du corps de cette nouvelle bobine que pour celles de l'ancienne. Donc, si on change les platines et la règle suivant les principes de la similitude pure et simple, il arrive, entre autres choses, que le rapport d'extrêmes étant trop grand, le diamètre du corps de la bobine grossit au delà de ce qu'on veut, et demande l'augmentation du rapport des marches.

Voici ce que l'on fait : 1° On diminue l'inclinaison de la règle pour donner aux couches moins de longueur ; 2° on établit de nouvelles platines construites d'après le procédé donné (58) *en y admettant cependant plus de diminution relative dans la longueur des couches du corps, de la première à la dernière.* Cette diminution doit *se produire par un accroissement des marches de base.* A cet effet (fig. 36), au lieu de faire aboutir la ligne E I en I, on la fait aboutir au-dessous en A, et on rend cette ligne E A convexe. Pour éviter le coin formé par le fond et le corps, on s'arrange de manière que cette ligne convexe vienne se terminer tangentiellement à la ligne D E en un point un peu antérieur au point E. (Ce coin du fond et du corps pouvant être détérioré dans les manipulations de la trame, il est bon de l'arrondir.) 3° On modifie le nombre de dents du rochet dans le rapport des numéros et des volumes (le volume de la bobine de trame restant supposé aussi long que celui de la bobine de chaîne, dans ce calcul). 4° Comme la bobine est plus petite, on la forme, sur la broche, un peu plus près de l'étoile ; on modifie alors aussi le centre de rotation des baguettes suivant la méthode déjà indiquée (22) pour que le guide-fil reste sans cesse le plus près possible du lieu d'enroulement (fig. 10).

Les praticiens emploient aussi quelquefois un procédé plus expéditif, en conservant les mêmes platines. Ils déplacent la platine de base de telle sorte que le nez de la règle, pour la première couche, s'appuie sur un point de cette platine situé plus bas que celui qui correspond à l'origine dans le cas des bobines de chaînes ; de plus, ils mettent quelquefois une *mise* sous cette platine pour lui donner plus d'inclinaison. — Quant à la platine du sommet, ils opèrent seulement un certain déplacement sur elle.

Souvent aussi on applique un barillet plus petit afin de mettre plus haut le point de départ de la chaine au secteur. Le rapport d'extrêmes est alors moins grand et il arrive même que l'on peut conserver les mêmes platines sans changement.

On comprend que l'expérimentateur, dans le cas spécial dont nous venons de parler, arrive aussi à des platines très différentes suivant les conditions dans lesquelles il a placé les différents organes essentiels.

Pour passer des bobines de trame aux bobines de chaine, on procède dans un sens inverse à celui des modifications que nous venons d'expliquer.

Nous ne nous étendrons pas plus sur ces questions de réglage dont le lecteur se rendra le mieux compte en suivant le montage et le réglage d'un métier automate dans une filature.

XII

LA CONTRE-BAGUETTE, LA BAGUETTE ET LE RÉGLAGE MÉCANIQUE
DU SECTEUR

65. On sait l'utilité d'une réserve et par conséquent d'une contre-baguette. Nous allons exposer les conditions que la contre-baguette doit remplir, et décrire quelques dispositifs mécaniques employés à cet effet. — Soient (fig. 42) A la broche, B le fil-fait, D le guide-fil de la baguette ayant son centre de rotation en E, C le guide-fil tendeur ou contre-baguette ayant son centre en F. Pendant la première période, c'est-à-dire pendant la sortie du chariot, les deux baguettes sont posées comme il est figuré, aux points D et C, c'est-à-dire la baguette au-dessus du fil et en arrière de l'axe, supposé prolongé, de la broche (à cause des manipulations dites de *rattache* des fils cassés), et la contre-baguette au-dessous du fil. Les axes F, E, sont sur de mêmes supports G à coulisses et disposés de telle façon que la position de ces axes F, E, par rapport aux broches, puisse être variée à volonté.

Le rayon des rabat-fils de contre-baguette doit être admis égal à celui des rabat-fils de la baguette, augmenté de la distance des centres F, E, et de quelques millimètres, 5 à 10 par exemple, d'espacement minimum ou, comme disent les praticiens, de jeu.

Considérons (fig. 41), un fil BAC attaché par ses extrémités en B et en C, un point A susceptible de se déplacer sur la ligne E et sollicité sur cette ligne par une force représentée en grandeur et en direction par la flèche DA. Comme le fil passe librement sur le point A, ses deux parties BA et AC ne peuvent être qu'également tendues lorsque arrive l'instant de l'équilibre, que la figure représente. Soient J, la bissectrice de l'angle BAC; GA et AF, l'expression linéaire des forces déployées par les deux parties du fil; ces forces doivent être égales, et, par conséquent, la résultante agissant sur le point A ne peut être que sur la bissectrice AJ. Soit AI cette résultante. Il faut qu'on ait, pour que le point A soit en équilibre, $AD = AI . \cos DAI$. — On voit d'après cela : 1° Que si le point A tend le fil dans une direction différente de celle de la bissectrice de l'angle

BAF, le fil est plus tendu que s'il la tend suivant cette bissectrice ; 2° que plus l'angle **BAC** est grand, plus le fil est tendu ; qu'il devient infiniment tendu quand cet angle est égal à 180°, et qu'il est le moins tendu quand cet angle est nul.

Eh bien, le fil étant tendu, au métier automate, par la contre-baguette (avec une force qui varie de direction, puisque le rabat-fil décrit un arc de cercle), il arrive que *suivant que l'angle du fil de réserve et du fil-fait, qui va de la contre-baguette aux cylindres, est plus ou moins grand, la tension du fil est plus ou moins grande.* Or, ce qui varie principalement cet angle, c'est la variation de la réserve, et l'on comprend que *plus le jeu des courses de guide-fils de baguette et de contre-baguette est faible, moins ledit angle subit de variations* de la part des variations de la réserve. — On comprend donc 1° *l'utilité d'un faible jeu entre les arcs décrits par les rabat-fils,* 2° *l'importance de ne jamais laisser devenir la réserve trop petite, afin de ne pas rompre les fils par un excès de tension,* et, par conséquent aussi, *l'utilité de ne jamais avoir une trop courte aiguille donnant trop peu de fond primitif à la réserve.*

Les baguettes tendent toutes deux *à se relever,* c'est-à-dire à tourner dans le sens de la flèche I (fig. 42). Pour la contre-baguette, cette tendance est obtenue par des poids et quelquefois encore par un ou deux ressorts. Si l'on n'employait que des ressorts, on aurait à redouter une grande inégalité de tension suivant les diverses positions de la contre-baguette, à moins d'employer des ressorts de grande longueur et de grand diamètre, ce qui serait d'une application incommode. — Cependant, lorsque la réserve varie beaucoup pendant le renvidage, le contre-poids de la contre-baguette oscillant, présentant par suite des inerties variables, il en résulte un nouvel élément de variation dans la tension des fils. — Pour la baguette, on n'emploie d'ordinaire que des ressorts, parce que l'inégalité de tension n'y est pas d'un grand inconvénient ; l'on ne saurait d'ailleurs avantageusement employer des poids, parce qu'à la fin de la quatrième période, la baguette devant se relever rapidement, la chute des poids donnerait lieu à une vibration violente et nuisible à la stabilité de la machine.

Nous avons déjà dit quels sont les mouvements généraux qu'exécutent les baguettes (3). Au dépointage, la baguette s'abaisse et la contre-baguette s'élève pour tendre le fil. Pendant la rentrée du chariot, la contre-baguette, par l'action de poids, maintient la tension du fil et varie de position suivant les variations de position de la baguette et suivant les variations de la réserve. Lorsque le chariot arrive au porte-cylindres, et au moment où (fig. 5) la pièce C² du levier de liaison est repoussée par la pièce D², la baguette se relève et revient prendre (fig. 42) sa position D. Simultanément, la contre-baguette doit s'abaisser pour cesser de tendre et venir prendre la position C qu'elle doit conserver pendant la sortie du chariot.

66. Dans presque tous les systèmes, la baguette porte très solidairement un levier courbe A B C (fig. 43), muni, à son extrémité, d'un nez C qui vient butter contre une pièce quelconque, telle que le support de baguette D, afin d'empêcher la baguette de se relever au delà de la position qui lui est assignée pendant les deux premières périodes.

Quant à la contre-baguette, elle ne saurait butter contre une pièce fixe par l'action de ses poids, parce que, pendant les deux premières périodes, sa position fixe est inférieure aux positions qu'elle peut prendre pendant les deux autres périodes, positions qui dépendent uniquement de la réserve. Sa position devant être fixée pendant que celle de la baguette est fixée, et sa position devant être indépendante pendant que la baguette est commandée, on a cherché à tenir la contre-baguette abaissée pendant les deux premières périodes, par un effet de la disposition de la baguette, et à la libérer pendant les deux dernières périodes, par l'effet de l'abaissement de cette baguette.

67. Voici quelques-unes des combinaisons réalisées dans ce but :
Soient (fig. 44) A B, la coupe non détaillée du chariot; C, D, les axes de contre-baguette et de baguette. Sur l'axe de baguette est fixé un levier D E, portant à son extrémité E un tourillon d'attache de chaine. Sur l'axe de contre-baguette est fixé un levier C G, portant vers son extrémité deux tourillons d'attache, F et G. Soit M, une poulie folle à gorge sur un tourillon supporté de deux côtés par un support N fixé au chariot. Une chaînette passe sous cette poulie M et s'attache par l'une de ses extrémités au tourillon E et par son autre extrémité au tourillon F. Soient I H, un levier pouvant osciller sur un tourillon H fixé au chariot; I G, une tringle susceptible d'être allongée ou raccourcie manuellement pour le réglage et reliant l'extrémité I du levier I H avec le tourillon d'attache G ; L, le porte-cylindres; K, un galet fou retenu au porte-cylindres par un support. — Pendant la première période, la baguette est relevée et occupe sa position supérieure; la contre-baguette cherche aussi à se relever, mais la baguette l'empêche de dépasser une certaine limite, au moyen de la chaînette E M F, dont on règle à cet effet convenablement la longueur. La tendance à se relever doit pour cela être *plus grande* sur la chaînette de la part de la baguette que de la part de la contre-baguette. A la troisième période, la baguette s'abaissant, le point E s'abaisse également et permet au point F de s'élever jusqu'à ce que le fil soit complétement tendu. Pendant la quatrième période, la baguette guide le

renvidage, la contre-baguette oscillé suivant la réserve, et *si le point d'attache
F ne monte jamais autant que le point d'attache E s'abaisse,* la chaînette reste
lâche dans l'espace vide qui.existe entre le dessous de la poulie M et le coude
formé par le support N. Lorsque le chariot arrive au porte-cylindres, le levier
I H vient butter par une partie courbe J contre le galet K qui le force à s'abaisser
et par conséquent à abaisser la contre-baguette au-dessous même de la position
qu'elle doit occuper pendant la première période ; simultanément, la baguette
est abandonnée à elle-même et se relève rapidement, puisqu'elle n'est pas obligée
en ce moment de supporter la charge de la contre-baguette. Si le galet K ne
venait pas abaisser la contre-baguette, cette opération se ferait trop lentement,
la torsion commencerait avant que la baguette ne soit entièrement relevée, et,
par conséquent, le fil serait renvidé sur l'aiguille et par suite rompu. Pendant
la première période, et dès que le levier I H cesse d'être abaissé par le galet K,
la contre-baguette se relève jusqu'au point où elle est arrêtée par la chaînette E M F.

Cette disposition a plusieurs inconvénients : d'abord, et comme nous l'avons
dit, il faut que la charge de la baguette au point F soit plus grande que la
charge de la contre-baguette au point E, et comme, pour se relever, la baguette n'a pas besoin d'autant de charge, il en résulte une résistance de plus
pendant le dépointage et pendant le renvidage. Ensuite, si la réserve est grande
à un moment, le point d'attache F peut monter trop haut et être tout à coup
arrêté dans son mouvement ascensionnel par la poulie M qui vient arrêter la
chaînette E M F, assujettir momentanément la contre-baguette à la baguette,
suspendre la tension du fil et donner lieu, sur la bobine, à une grosseur molle
qui est toujours la conséquence de la suppression de la tension du fil. A la vérité, on peut donner une plus grande longueur au levier D E et, par suite,
donner lieu à un plus grand abaissement du point E, ce qui permet une plus
grande élévation du point F, ou encore diminuer la longueur du levier F C ;
mais alors la charge de la baguette doit être augmentée en raison de l'augmentation de longueur du levier E D ou en raison de la diminution de longueur du
levier C F, ce qui est un accroissement du défaut déjà cité. Ce défaut a surtout
comme on le comprendra plus tard, un effet nuisible sur l'opération du dépointage, attendu que cette dernière est commandée par un organe à friction.

68. Le mécanisme que nous venons de décrire a été avantageusement modifié de la manière suivante : Le dispositif adopté pour la contre-baguette
(fig. 44) est resté le même, mais le levier de baguette a été remplacé (fig. 45)
par un autre levier D E, s'articulant par son extrémité E avec une pièce E O P Q,

doublement courbée, et à l'extrémité Q de laquelle s'attache la chaînette. Pendant la première période, le levier D E est vertical ou plutôt dirigé exactement en sens opposé à la direction qu'a la chaînette depuis le point Q jusqu'à la poulie folle M. Il en résulte : 1° Que pendant la première période, la charge de la contre-baguette existe sur l'axe même de la baguette et n'a plus aucune tendance à faire tourner cette dernière ; 2° que la charge de la baguette est indépendante de la charge de la contre-baguette et peut être beaucoup amoindrie, et que, par conséquent, la résistance des baguettes à leur mouvement moteur est également amoindrie.

Pour ne pas avoir à craindre que dans les moments où la réserve est grande, la contre-baguette soit retenue dans son mouvement ascensionnel, on peut ici, sans inconvénient, augmenter le rayon D E et diminuer le rayon C F.

69. La contre-baguette, pendant la troisième et pendant la quatrième période, charge le fil-fait ; sa pression ascensionnelle fait résistance au mouvement de descente de la baguette et s'ajoute à la résistance que la baguette présente déjà par elle-même à son mouvement moteur. Cette résistance qui a peu d'effet sur les organes moteurs pendant la quatrième période, puisque c'est la règle qui la supporte, a, comme on le sait déjà, un effet sensible sur les organes du dépointage ; il a donc été trouvé utile de diminuer la charge de la contre-baguette *pendant le dépointage,* ce qui ne présente pas d'inconvénient, vu que la contre-baguette ne doit présenter une tension nécessairement constante que pendant la quatrième période. A cet effet, soient A B (fig. 46), la coupe non détaillée du chariot ; C, D, les axes des contre-baguette et baguette ; sur l'axe C se trouve disposé un arc de cercle après lequel s'attache par l'une de ses extrémités une chaînette E F qui s'attache par son autre extrémité au point F du levier F G, lequel oscille sur un tourillon G retenu au derrière du chariot par un support. Sur ce levier F G est glissé un poids H qu'on peut placer à différentes distances du point G, afin de varier son effet sur la contre-baguette. Ce poids se maintient au point où on le place, par un cran qui s'engage dans les dents ménagées, comme il est figuré, dans la partie supérieure du levier F G. — Lorsque le chariot arrive au bout de sa course, le levier F G vient butter sur le plan incliné I et s'élever un peu ; il en résulte qu'il cesse d'exercer sa pression sur la contre-baguette jusqu'au moment où l'abaissement même de la contre-baguette, par un *trop peu* de réserve au dépointage, le soulève ou, en tout cas, jusqu'au moment où, le chariot rentrant, le levier cesse de pouvoir reposer sur le plan incliné I.

Le dispositif dessiné pour la contre-baguette se répète sur plusieurs points

12

de la longueur du chariot, afin de répartir la pression qui, sans cela, pourrait être rendue irrégulière par l'effet de la torsion des baguettes. Le plan incliné I n'est appliqué que pour la moitié des dispositifs en question, en sorte que la résistance opposée à l'opération du dépointage par la contre-baguette devient moitié moindre que la pression qu'elle opère sur les fils pendant la rentrée du chariot.

La figure 46 montre aussi la disposition d'un des ressorts de baguette.

Toutes les parties de ces mécanismes doivent pouvoir se régler par des écrous ou des vis de pression, afin de permettre une prompte et facile mise en bonne marche.

70. On a combiné, dans certains métiers, le dispositif de la figure 45 avec celui de la figure 46, de la manière suivante. Soient A B la coupe non détaillée du chariot (fig. 47); C, D les contre-baguette et baguette, K J le levier oscillant sur le tourillon K fixé au derrière du chariot; L la charge de contre-baguette fixée sur ce levier K J; D E le levier disposé sur l'axe de baguette; E M F la pièce doublement courbée; F I une chaînette attachée à l'extrémité de cette dernière pièce et s'attachant au levier J K en I où un écrou à oreilles permet de régler la longueur F I; G l'arc fixé sur la contre-baguette et sur lequel s'attache, par une de ses extrémités, une chaînette dont l'autre extrémité s'attache également au levier J K en H où un écrou à oreilles donne également les facilités de réglage. C'est la disposition du métier de Parr-Curtis.

71. Cette combinaison a encore été faite avantageusement de la manière suivante : A B représente la coupe non détaillée du chariot (fig. 48); C l'axe de la contre-baguette, G I une poulie à gorge fixée sur l'axe de contre-baguette, D l'axe de la baguette, lequel traverse la poulie G I par un vide pratiqué à cet effet dans cette poulie et qui est assez grand pour ne pas entraver la course complète de la contre-baguette; D E représente un levier fixé sur l'axe de baguette; E M F une pièce doublement courbée s'articulant avec l'extrémité E du levier D E; N une poulie folle à gorge sur un tourillon fixé au chariot; J K le levier porteur de la charge de contre-baguette et oscillant sur un tourillon K fixé au derrière du chariot; à l'extrémité F de la pièce E M F s'attache une chaînette qui va passer sous la poulie folle N, puis vient couvrir la poulie à gorge G I du côté de la baguette et s'attacher sur cette poulie au clou G; de ce clou G part, du côté opposé, une autre chaînette qui va s'attacher, en H, par un écrou à oreilles, au levier J K. C'est la disposition du métier de *Platt*.

Le jeu de ces deux dispositifs n'a plus besoin de démonstration; il faut dansles deux, pour que l'on n'ait pas à craindre que la contre-baguette soit arrêtée par la baguette dans le cas d'une grande réserve, que le rayon de l'arc fixé sur la contre-baguette soit aussi petit que le permettent une bonne construction et la bonne action de la charge, et que le rayon du levier fixé sur la baguette soit aussi grand que le permet la distance de l'axe de baguette aux broches. — Dans les deux cas, le plan incliné de la figure 46 peut être appliqué pour l'allégement du dépointage. Dans le premier cas, il faut que les rabat-fils et autres pièces qui tendent à abaisser la contre-baguette, soient plus lourds que les arcs de cercle et autres pièces fixées du côté opposé aux rabat-fils et qui tendent à élever la contre-baguette, sans quoi, pendant la sortie du chariot, la contre-baguette se relèverait et viendrait toucher le fil-fait. — Cette précaution est inutile à prendre dans le second cas.

On emploie, pour attacher les chaînes portant les charges de contre-baguette, des arcs de cercle, afin que la pression transmise au fil-fait soit régulière.

On ne charge pas toujours la contre-baguette avec des poids disposés comme le montrent les figures 46, 47, 48 ; on emploie quelquefois ce qu'on appelle des *chandeliers :* ce sont des tringles à embases et étranglements, pendues à la contre-baguette et sur lesquelles on glisse des poids en fer à cheval ; ce dispositif n'a que l'avantage de permettre facilement de varier la charge de contre-baguette, de la rendre moindre au commencement du noyau, et plus grande à la fin ; chose qui n'est nécessaire que quand le renvidage a le défaut de s'écarter trop de la loi d'absorption parfaite, de faire trop osciller la contre-baguette et de causer, par suite, de nombreuses ruptures de fil.

72. Supposons qu'au lieu des mécanismes précités on ait employé le suivant (fig. 49) : C étant l'axe de la contre-baguette ; D l'axe de baguette ; O F un levier fixé sur l'axe de la baguette et muni d'une encochure E ; E C un levier droit dont l'extrémité est dans l'encochure. Les deux baguettes, par l'action de leurs ressorts et de leurs contre-poids, tendent à tourner dans le sens de la flèche *a ;* la baguette butte par son levier F D contre la pièce C E ; et la contre-baguette butte par son levier C E contre l'encochure E de la pièce F D. Concevons les baguettes ainsi retenues pendant la première période : au moment où commence le dépointage, le levier F D tourne en sens contraire à la flèche *a,* et à l'instant où le levier C E est hors de l'encochure, la contre-baguette se lève brusquement et vient tendre les fils qui sont alors obligés de consommer, par leur élasticité, toute la puissance vive des poids qui chargent la contre-baguette ; il en résulte évidemment des ruptures de fil. Lorsque le chariot arrive près du porte-cylindres, à la fin de la quatrième période, il faut que la contre-baguette soit abaissée bien avant la relevée

de la baguette et au-dessous du point qu'elle doit occuper dans l'encochure, afin que l'on n'ait pas à risquer de voir quelquefois la contre-baguette ne pas se laisser prendre dans cette encochure; il en résulte que le fil cesse d'être tendu avant d'être entièrement renvidé et que, par suite, il peut se former des bosses sur les têtes. — Il n'en est pas ainsi avec les dispositifs précédents, dans lesquels les poids de la contre-baguette n'étant jamais abandonnés à eux-mêmes n'acquièrent pas une trop grande puissance vive et par lesquels, si l'abaissement de la contre-baguette n'est qu'un peu tardif, il ne se produit aucun résultat funeste.

Nous avons cité cette disposition pour faire ressortir que les charges de la contre-baguette ne doivent pas être abandonnées à leur puissance vive comme cela arrive dans les métiers de plusieurs constructeurs, et pour faire ressortir davantage les facilités de réglage des deux dispositifs précédents et la douceur avec laquelle leurs mouvements de dépointage peuvent s'exécuter.

73. Beaucoup de mécanismes ont été imaginés pour faire arriver *insensiblement* la charge de la contre-baguette sur les fils; il en est qui permettent à l'ouvrier de régler cette action de différentes manières, mais nous sortirions du cadre que nous nous sommes tracé dans cet ouvrage si nous voulions les décrire tous. Nous devons cependant signaler ceux de MM. A. Kœchlin, et Dobson et Barlow, comme très remarquables.

Le réglage de la contre-baguette est un objet des plus importants à la bonne marche d'un métier, à la bonne confection des bobines. Comme nous l'avons déjà dit, la contre-baguette est un trait d'union entre la théorie et l'application des mécanismes automates de renvidage dans les métiers mull-jenny.

Toutes les fois qu'il y a des excès de dureté en certains points de la bobine, cela provient de la contre-baguette qui a pu avoir, pendant un instant, une action considérable par suite de la réduction et des variations de la réserve (65), et quand il y a des excès de mollesse cela provient presque toujours de ce que la contre-baguette a été gênée dans son action pendant un moment.

Toutes les fois que le fil est trop absorbé et que, par conséquent, il y a trop peu de réserve, il y a rupture des fils.

Toutes les fois que le fil est trop peu absorbé, ce qui arrive quand le point d'attache de la chaîne du barillet a été élevé trop rapidement et que par conséquent il y a trop de réserve, la contre-baguette reste constamment très écartée de la baguette; et lorsque le chariot arrive au porte-cylindres, il se trouve (fig. 45) que le levier IH est très incliné et que le galet K, au lieu de l'atteindre en sa partie courbe J, l'atteint près de son centre d'oscillation, c'est-à-dire vers le point J' et,

par conséquent, abaisse la contre-baguette lorsque le chariot a encore un espace
égal à J J' à parcourir avant la libération de sa baguette. Il en résulte un défaut
qui s'est déjà présenté tout à l'heure, c'est-à-dire un relâchement brusque du fil
et une forte grosseur à quelques millimètres du sommet de la bobine, défaut
dont nous donnons la coupe (fig. 50).

74. SECTEUR OU LEVIER RENVIDEUR AUTOMATIQUE.

*Nous avons dit que d'ordinaire l'ouvrier varie à la main la position du point
d'attache de la chaîne au levier renvideur, et qu'il se guide pour cela d'après
les diminutions de la réserve d'une couche à l'autre.* — Au numéro 11, nous
avons expliqué que quand le déplacement du point d'attache de la chaîne en
question s'opère automatiquement, l'action motrice s'exerce sur la poulie à
gorge I² (fig. 5).

*Nous remarquons que les déplacements successifs du point d'attache de la chaîne,
ont des mesures qui suivent une progression assez facile à déterminer approximative-
ment par une épure, mais qui, dans sa réalité précise, est sujette à se modifier sans
causes visibles avec les modifications insensibles et indéterminables que subissent les
bobines. Ces déplacements ne peuvent donc s'effectuer suivant une loi fixe. La variabilité obligée de leur loi est, comme nous l'avons expliqué, un trait d'union entre
l'idée et l'application dans le métier automate. — Si d'ailleurs cette variabilité n'é-
tait pas établie dans la machine, il faudrait établir celle de la loi des déplacements de
la règle et cela toujours suivant les variations de la réserve.*

*Le déplacement de la chaîne au secteur est donc nécessairement dépendant de la
faiblesse de réserve, soit que cette dépendance s'établisse par l'intermédiaire de l'ouvrier régleur, soit qu'elle s'établisse automatiquement.*

Ce qu'il faut appeler une réserve faible, c'est évidemment une réserve plus
petite que le minimum de la réserve normale. Ce minimum décroît d'une couche à l'autre, attendu que la réserve, à la fin d'une aiguillée, doit fournir à
l'empointage le fil nécessaire à enrouler la pointe de la broche depuis le sommet
de la bobine jusqu'à l'étoile. Cette pointe diminue, comme on sait, depuis le
commencement jusqu'à la fin de la levée. — *Quand donc nous parlerons d'une
réserve faible, il s'agira d'une faiblesse relative dans cette réserve, c'est-à-dire d'une
mesure essentiellement dépendante du dégré d'avancement de la levée.*

Voici un exemple de mécanisme automatique pour le déplacement de la chaîne
au secteur :

Soient A (fig. 51) le centre du levier renvideur, B la poulie à gorge qui, par
une roue d'angle C commandant une roue D fixe sur la vis du levier renvideur,
fait monter le point d'attache de la chaîne du barillet. — Sur la poulie B passe

une corde sans fin qui de là se rend sur une poulie folle E, à la grande tétière, en passant sous le chariot, et revient envelopper d'un tour entier une poulie à gorge F folle, attachée au chariot, et de cette poulie retourne sur la poulie B. — Soient G, H, les baguette et contre-baguette; I, J, deux leviers fixes sur ces baguettes; K un grand levier oscillant sur un tourillon L du châssis, portant en M une plaque courbe susceptible, quand le levier K s'abaisse, de presser ou d'opérer une friction sur un rebord, assez large, de la poulie F. Le même levier porte en N un galet sur lequel passe une chaînette O qui s'attache par ses deux bouts aux extrémités des leviers I, J. — Voilà la combinaison primordiale du réglage automatique du levier renvideur. Pendant la rentrée du chariot, quand la réserve devient trop courte, le galet N peut s'abaisser, puisque la contre-baguette s'abaisse trop; dès lors la plaque M venant presser le rebord de la poulie F et empêcher cette dernière de tourner follement, celle-ci entraîne dans le mouvement de rentrée du chariot la corde qui l'enveloppe et, par suite, fait tourner la poulie B et élever le point d'attache de la chaîne du secteur.

Réduit à ces organes, ce dispositif est défectueux. A la fin du dépointage, la contre-baguette n'est distante de la baguette que de la quantité représentée par le fil dépointé. Pendant que se forme la descendante, cette distance ou, ce qui revient au même, cette réserve diminue encore sensiblement, dans la plupart des métiers. De plus, l'inclinaison d'enroulement pendant la formation de la descendante oblige la baguette à descendre plus bas que la base de couche. Enfin la contre-baguette subit vers la fin de la rentrée du chariot un brusque abaissement par une action autre que celle de la réserve. Toutes ces causes font que, dans ce dispositif, la friction M peut agir pendant certains moments de la rentrée du chariot, dans toutes les aiguillées d'une levée, quelle que soit la réserve, ce qui ne doit pas être. — Il faut, comme on voit, que l'action du levier K sur la poulie F soit paralysée pendant ces *certains moments*, c'est-à-dire qu'elle soit paralysée depuis le commencement de la quatrième période jusqu'après le passage de l'extrême-point, qu'après ce passage *elle puisse commencer et continuer* jusqu'à la fin de la rentrée du chariot, mais qu'*elle ne puisse pas commencer vers la fin* de cette rentrée. — Dans ces conditions, la faiblesse de la réserve se traduit et produit son effet pendant que le renvidage de l'ascendante (qui est le renvidage principal) se produit.

Soient P le barillet; ce barillet est muni, sur le côté, d'une gorge comme celle d'une poulie qui meut une corde; — Q une bague *très folle* dans ladite gorge; cette bague a une échancrure XY; — R un nez fixé à la bague à gauche de l'échancrure; — S un nez immobile attaché aux pièces fixes environnantes du chariot; — T un galet monté sur un tourillon fixé au levier K. — Ce galet, quand le levier K s'abaisse, vient reposer sur la bague et soutenir ce levier. Les proportions de la bague sont telles que la friction M ne peut arriver sur le rebord de la poulie F et faire son effet que quand le galet T se trouve dans l'échancrure X Y.

Pendant la première période, le levier K se trouve soulevé ; le barillet tourne dans le sens de la flèche *b* ; la bague se trouve entraînée dans ce mouvement jusqu'au moment où le nez R vient butter en V contre et sous le nez S. Dans la quatrième période, l'effet inverse tend à se produire, c'est-à-dire que la bague tourne avec le barillet dans le sens de la flèche *a* jusqu'à ce que son nez vienne butter contre et sur le nez S en U.

Si avant et pendant le passage de l'extrême-point le levier K s'abaisse, son galet T s'arrête sur la bague, et la friction M ne peut agir. Lorsque l'échancrure X Y se présente sous le galet T, celui-ci peut y pénétrer et arrêter la bague, et dès lors la friction M agit jusqu'à ce que le galet T se lève. Une fois ce galet levé, il ne peut plus rentrer dans l'échancrure pendant la même aiguillée, puisque la bague rendue libre suit alors le mouvement du barillet jusqu'à ce que le nez R ait butté en U. La friction M ne peut donc agir qu'une fois dans le cours d'une aiguillée. Si, par suite d'une grande faiblesse de réserve, le levier K ou son galet T n'est pas soulevé au-dessus de l'échancrure pendant tout le temps de la rentrée du chariot, la friction M peut produire son effet jusqu'à la fin de cette rentrée ; mais, comme on voit, il faut pour cela que l'abaissement du levier K, et, par conséquent, du galet T, *ait commencé* pendant que l'échancrure X Y passait sous le galet T.

Le nombre de tours du barillet décroissant depuis le commencement jusqu'à la fin de la levée, on voit que l'action de la friction M pourra commencer plus tôt au commencement de la levée qu'à la fin ; par conséquent : 1° Le nombre de tours de la poulie du secteur, dans une aiguillée, pourra être grand au commencement de la levée et ne pourra que diminuer de plus en plus dans les aiguillées suivantes, ce qui est une excellente condition, puisque les déplacements du point d'attache de la chaîne, au secteur, vont en décroissant ; 2° au fur et à mesure que la levée avancera et que, par suite, la descendante aura une action momentanée plus probablement sensible sur la réserve, l'action du levier K ne pourra commencer que plus tard, ce qui est encore une excellente condition.

Au commencement de la levée, la baguette descend très bas, le levier K ne pourrait rester sans s'abaisser que dans le cas où la contre-baguette s'élèverait d'autant que la baguette s'abaisse, ce qui ne peut arriver, puisque les fils l'entraînent nécessairement dans le mouvement de descente de la baguette. —

Si nous considérons les couches du corps, nous voyons que la baguette descend peu et qu'il faut que la réserve devienne beaucoup plus petite qu'au commencement de la levée pour produire l'abaissement du levier K.

On reconnaît d'après cela que le dispositif que nous venons d'exposer n'agit que par les faiblesses anormales de la réserve, c'est-à-dire par des effets de faiblesses relatives à l'état d'avancement de la bobine, à la longueur de la pointe, au degré d'avancement de la levée, et c'est là une des conditions essentielles pour un mécanisme réglant automatiquement les positions, sur le levier renvideur, du point d'attache de la chaîne qui commande le barillet pendant la quatrième période.

L'appareil que nous venons de décrire et de discuter est assez difficile à régler. *Il ne convient qu'aux métiers faisant de bonnes bobines et n'ayant pas de fortes variations de réserve pendant la quatrième période.*

On voit que cet appareil, tout en fonctionnant, permet toujours l'action de la main, qui est souvent nécessaire pour corriger ou compléter les effets du mouvement automatique, surtout dans les premières aiguillées de la levée, lorsque la poulie du secteur doit faire d'une aiguillée à l'autre de grands nombres de tours. *Il faut remarquer cependant que quand on file des numéros fins, ces derniers nombres de tours ne sont pas aussi grands, parce que d'une couche à l'autre le nombre de tours de renvidage varie moins, et alors le mécanisme que nous venons de décrire fonctionne avec moins d'aide manuel.* L'action manuelle est cependant presque toujours nécessaire pendant qu'on règle tout le métier.

On a fait plusieurs appareils pour commander automatiquement le déplacement de la chaîne au levier renvideur. Nous croyons inutile de les donner. Celui que nous venons de décrire nous paraît répondre le mieux jusqu'à présent aux conditions complexes de la variation automatique du nombre de tours du renvidage.

XIII

L'EMPOINTAGE ET LE DÉPOINTAGE

75. Nous allons étudier les actions auxquelles est soumis le fil et dont il faut tenir compte dans l'empointage et dans le dépointage.

La broche est, comme on sait, un cône tronqué à sa partie supérieure. On fait quelquefois des broches à génératrices courbes, mais elles ne présentent que des avantages très contestés. Les résultats de nos raisonnements sur les broches droites peuvent d'ailleurs être appliqués sans crainte aux broches dont nous parlons, puisque la convexité de ces dernières est peu sensible.

Au moment où le chariot doit quitter le porte-cylindres, la broche s'anime d'un mouvement de rotation très rapide, par lequel le fil empointe l'aiguille (2).

L'opération du dépointage consiste à faire tourner la broche en sens contraire, afin de dérouler le fil qui s'est enroulé sur son aiguille.

La courbe suivant laquelle le fil empointe l'aiguille résulte des actions diverses auxquelles est soumis le fil. C'est par l'examen de cette courbe que nous pourrons analyser ces actions et, par suite, déterminer celles d'entre elles qu'il faut combattre et celles qu'il faut favoriser, enfin reconnaître les causes et les correctifs d'un certain nombre de défauts qui peuvent se produire dans les métiers self-acting à filer.

On reconnaît par l'expérience directe que cette courbe est d'une part tangente au dernier élément de la courbe ou chaînette formée par le fil depuis l'étoile jusqu'aux cylindres débiteurs, et d'autre part tangente au dernier élément du fil renvidé sur la bobine. On reconnaît aussi que cette courbe d'empointage peut, entre certaines limites, subir des changements de forme que le frottement ou l'adhérence du fil à l'aiguille maintient, et que si cette force du frottement ne venait pas modifier les tendances primordiales du fil, cette courbe serait parfaitement déterminée.

76. Supposons que cette force du frottement n'intervienne pas et que le fil soit attaché à la tête de la bobine de façon à rendre tout dévidage impossible.

13

Considérons, dans l'espace, une droite A, sur laquelle, en C, passe librement un fil tendu par deux forces CF et CF', et formant avec cette droite les angles γ, γ'. Le point C ne sera en équilibre que quand on aura

$$FC.\cos\gamma = F'C.\cos\gamma'.$$

Le fil étant nécessairement tendu avec uniformité de F en F', on a $FC = F'C$, et par conséquent $\gamma = \gamma'$. Soit actuellement un cône de révolution G. Nous pouvons considérer sa surface comme composée d'une infinité d'angles plans formés par une infinité de génératrices A, B, C, D..... infiniment rapprochées. Imaginons un fil attaché au point a de la génératrice A, faisant plusieurs fois le tour du cône dans la direction de son sommet et tendu à son extrémité par une force non figurée. Soient b, c, d..... les points des génératrices B, C, D..... sur lesquels passe le fil. Ce que nous avons dit pour le point C et les angles γ, γ' de la figure 52, nous pouvons le répéter ici pour chacun des points b, c, d..... et dire, pour conclure, que deux éléments consécutifs de la courbe, suivant laquelle le fil embrasse le cône, forment, avec la génératrice qui passe par leur point d'intersection, des angles opposés égaux. — Faisons rouler ce cône sur un plan, et supposons qu'au fur et à mesure de ce roulement, chacune des génératrices de ce cône laisse sa trace sur ce plan. Supposons aussi que, dans ce mouvement, le fil se déroule et se dépose sur ce même plan. Il est clair que, sur le développement comme sur le cône, deux éléments consécutifs de la courbe déroulée doivent faire, avec la trace de la génératrice qui passe par leur point d'intersection, des angles opposés égaux, ce qui conduit à ce résultat remarquable que *le développement de cette courbe sur un plan est une ligne droite.*

On peut considérer le cône S comme une broche et le fil dont nous venons de parler comme son fil empointeur. Soit (fig. 54) une broche BD, munie d'une bobine D au sommet C de laquelle le fil empointeur est supposé attaché de manière à empêcher le dévidage. Soient EB la direction du fil-fait, de l'étoile B aux cylindres débiteurs ; A le sommet géométrique de la broche. L'une des génératrices de la broche étant dans le plan de la figure, développons sur ce plan l'aiguille de la broche, comme nous l'avons fait dans la figure précédente, et soient 1, 2, 3, 4, 5..... des lignes partant du sommet A, et dont les angles $CA1$, $1A2$, $2A3$, $3A4$..... mesurent chacun le développement d'un tour complet de la broche. Le cercle de l'étoile et celui du sommet de la bobine se développent sur les arcs IB, KC. Soit BG le développement du fil empointeur. On remarque d'abord que les lignes BG, BE sont le prolongement l'une de l'autre, ce qui résulte des démonstrations données précédemment. Si la direction du fil-fait venait à monter de BE en BF, les lignes GB et BF ne seraient plus le prolongement l'une de l'autre ; il y aurait du fil qui quitterait l'aiguille pour s'ajouter au fil-fait, et le fil empointeur prendrait une nouvelle courbe qui se développerait suivant une droite H B. Si, au lieu de monter, la direction du fil-fait était descendue de B F en E B, le résultat contraire se serait produit, c'est-à-dire que du fil-fait serait venu s'ajouter au fil empointeur. — On voit aisément maintenant que si, comme cela se passe pendant là sortie du chariot, l'angle E B C du fil-fait et de la broche diminue constamment, le nombre de tours du fil empointeur augmente.

On reconnaît encore que le nombre minimum zéro de tours d'empointage se produit quand le fil-fait B E se confond avec une génératrice de la broche ; — que le nombre maximum de tours se produit sur l'aiguille quand le fil-fait se confond avec une perpendiculaire à une génératrice de la broche ; — enfin que *les angles supérieurs* α que le fil empointeur forme avec les génératrices successives diminuent depuis l'étoile jusqu'au sommet de la bobine, et que, par suite, le *pas* de la courbe d'empointage croît de l'étoile au sommet de la bobine.

Nous appelons *empointage en ligne droite*, l'empointage que nous venons d'exposer.

77. Mais rejetons actuellement les hypothèses qui viennent de nous faire reconnaître que la tendance primordiale du fil est l'empointage en ligne droite, et faisons intervenir les conditions réelles dans lesquelles se trouvent la broche et le fil.

Le dernier élément du fil renvidé sur la bobine est presque perpendiculaire aux génératrices de la broche, tandis que dans un empointage en ligne droite le premier élément du fil empointeur, à partir du sommet de la bobine, forme un angle assez faible avec les mêmes génératrices. Que doit-il arriver si ce premier élément se trouvant d'abord supposé attaché, fixé à la broche, se trouve tout à coup supposé assujetti aux forces qui le sollicitent ? Evidemment le fil de la tête doit se dévider. Le fil empointeur, au lieu de conserver une courbure dont le développement est une ligne droite, doit prendre une courbure dont le développement est représenté dans la figure 55. Dans ces conditions, il est en équilibre, et voici pourquoi : nous avons vu au numéro 65, à propos de la contre-baguette, qu'il faudrait à un fil une tension infinie pour ne pas former un angle en un point de sa longueur où une force viendrait agir dans un sens différent de celui dans lequel ce fil est tendu. Eh bien, lorsque le fil empointeur est arrivé à la forme que lui donne la figure 55, l'adhérence du fil à la broche exerce contre le déplacement de chacun de ses éléments une résistance de laquelle il résulte que la direction de chaque élément est légèrement déviée de celle de l'élément précédent, et qu'ainsi le fil empointeur suit une courbe ab qui transforme insensiblement la direction du dernier élément de fil enroulé sur la bobine en une direction qui se confond avec celle d'un élément b de la courbe primordiale d'empointage en ligne droite. Cette portion ab de la courbe d'empointage, nous l'appelons *raccordement.* Il est clair qu'une partie du raccordement, si l'aiguille était primitivement empointée en ligne droite, proviendrait d'un dévidage du fil enroulé au sommet de la bobine.

La courbure d'empointage que représente la figure 55 est celle que prend le fil empointeur au commencement de la sortie du chariot, mais cette courbure se modifie pendant cette sortie.

Nous avons vu plus haut que le pas de la courbe de l'empointage en ligne droite, décroît depuis l'étoile jusqu'au sommet de la bobine; nous avons vu aussi que quand l'angle de la broche et du fil-fait se rapproche de l'angle droit, comme cela arrive pendant la sortie du chariot, le nombre de tours d'empointage croît, et que, par suite, le pas de la courbe d'empointage en ligne droite décroît. Ces tendances sont primordiales et se manifestent évidemment sur la courbe réelle de l'empointage. Seulement, l'adhérence vient modifier leurs effets de la manière suivante. Soient abc (fig. 56) la courbe d'empointage que le fil suivait au commencement de la sortie du chariot; la direction du fil-fait étant représentée par la ligne c, d. Si cette direction se change insensiblement en la direction ce, la partie supérieure de la courbe d'empointage *se courbe,* dans son développement, de gc en gf, et une partie de la courbe d'empointage inférieure monte pour compléter cette courbe gf, et cause même un nouveau dévidage au sommet de la bobine.

On voit que le nombre de tours d'empointage total ne croît pas dans la mesure que fournirait un empointage en ligne droite, et que la direction du fil empointeur se modifie insensiblement dans chacun de ses éléments, depuis le milieu de la courbe jusqu'à l'étoile, de manière à établir aussi un continuel raccord entre la partie bg du fil empointeur et le premier élément du fil-fait.

On reconnaît, d'après tout cela, que c'est à l'action de l'adhérence qu'on doit la possibilité de filer comme on file au mull-jenny.

78. Cette courbe d'empointage, qui, dans son développement, représente à peu près un arc de parabole, — ainsi que l'a, le premier, remarqué M. Gustave Dollfus, à la suite d'expériences faites à propos de notre travail du numéro 76, — et qui, comme nous l'avons ensuite remarqué dans d'autres expériences, *se transforme insensiblement en une courbe munie d'un point d'inflexion,* excite assez la curiosité pour qu'on soit tenté d'en rechercher la nature précise. Mais il serait

difficile, pour ne pas dire plus, de trouver son expression algébrique réelle, puisqu'il faudrait pour cela tenir compte de tous les éléments dont elle résulte, ainsi de l'adhérence qui varie d'une manière assez compliquée avec la résistance que le fil oppose à sa flexion, avec la force centrifuge, avec les diamètres de la broche, etc.

Quoi qu'il en soit, on peut admettre certains points de départ fondamentaux dont l'expérience nous a fait reconnaître la suffisante exactitude pratique, et arriver, par suite, à établir une loi qui, en servant de base aux raisonnements dans l'application, ne conduise jamais à des résultats dont la suffisante justesse ne soit pas confirmée par l'expérience. C'est là le point important.

On comprend : 1° Que, par suite de sa résistance à la flexion, *l'adhérence ou le frottement du fil sur l'aiguille, à un point quelconque, est* à peu près en raison inverse du rayon de la broche en ce point ou *en raison inverse de la distance de ce point au sommet géométrique de la broche;* 2° que *l'adhérence ou le frottement du fil contenu entre deux génératrices consécutives en un point quelconque est*, à peu près, *en raison directe de l'écartement des génératrices en ce point, et,* par conséquent, *de la distance de ce point au sommet géométrique de la broche.* De la combinaison de ces deux proportionnalités, l'une en raison directe, l'autre en raison inverse d'une même grandeur, on peut admettre qu'il résulte que *d'une génératrice à l'autre, l'adhérence est constante.* — Il n'en est ainsi qu'au-dessous d'un certain rapport entre le diamètre du fil et celui de la broche, ou en deçà d'une certaine *limite de flexion* du fil, au delà de laquelle l'adhérence serait presque annulée.

Cela posé, soient (fig. 57) *a b* le premier élément de la courbe d'empointage développée, entre deux génératrices consécutives à partir du sommet de la bobine, *b c* le deuxième élément entre la deuxième génératrice et la troisième. L'adhérence du fil à l'aiguille permettra une déviation de l'élément *b c*, mesurée par l'angle *c b b'*. Il en sera de même pour tous les autres éléments. Le point *e* d'inflexion est le point en équilibre entre les deux portions de courbe en sens opposés, et ces portions, en admettant nos conclusions de tout à l'heure, et pour permettre l'équilibre, *passeront chacune sur un même nombre de génératrices, ou,* pour être plus clair, *embrasseront chacune la broche suivant un même nombre de tours*.

La même force d'adhérence qui arrête le dévidage du fil empointeur à un certain état de courbure dans lequel le nombre de tours d'empointage est le minimum de ce qu'il doit être pour permettre l'équilibre; la même force, disons-

---

* Ces portions de courbes développées se rapprochent de deux arcs de parabole quand la forme conique de la broche se rapproche d'un cylindre.

noùs, permet de donner un excès de nombre de tours d'empointage et par conséquent d'éviter tout dévidage du fil renvidé.

Tout cela posé et un excès de fil empointeur étant toujours donné, pour éviter de se trouver sur une limite, nous pouvons admettre *que* 1° l'amplitude totale A B du développement de la courbe et, par conséquent, les nombres de tours d'empointage et de dépointage; 2° la longueur du fil d'empointage au début de la sortie du chariot; 3° la longueur du fil d'empointage à la fin de cette sortie; 4° les nombres de tours des raccordements, *sont proportionnels à la longueur de l'aiguille,* ou de la pointe.

Le nombre de tours de dépointage, ou généralement le tracé d'une bonne courbe d'empointage sur une broche donnée, peut être déterminé graphiquement en se basant sur toutes les explications qui précèdent.

Les mécanismes automates qui doivent effectuer l'empointage et le dépointage sont basés sur les lois que l'inventeur de la machine a attribuées au meilleur empointage et au meilleur dépointage. Par suite, pour comparer, dans les différents systèmes, les dispositions appliquées pour l'empointage et pour le dépointage, il faut savoir remonter aux lois qui en sont les bases et conclure de l'examen de ces bases elles-mêmes la plus ou moins grande exactitude des dispositions en examen. —C'est pour faciliter au lecteur les comparaisons de ce genre (qu'il pourra souvent se trouver dans le cas de faire) que nous avons jugé nécessaire de nous étendre autant que nous venons de le faire, sur les *minuties* du fil empointeur.

79. Pour former de bonnes bobines, il faut évidemment éviter le dévidage. — Comme lorsqu'il n'y a plus de dévidage, la courbe d'empointage se compose à sa partie inférieure d'un *raccordement* et que, lorsque le chariot arrive à l'extrémité de sa course, il s'accumule du fil vers l'étoile aux dépens surtout du fil de ce raccordement, il faut, pour éviter le dévidage de la bobine, qu'après l'empointage il se trouve, enroulée à la tête de la bobine, une certaine quantité de fil qui puisse alimenter l'accumulation de spires ou de tours qui se fait vers l'étoile lorsque le chariot arrive au bout de sa course — et qui, par suite, puisse sauvegarder la tête de la bobine de toute détérioration.

A cet effet : *Un peu avant d'arriver au porte-cylindres, la baguette doit faire enrouler ce* FIL D'ALIMENTATION *à la tête de la bobine, ou sur l'aiguille, un peu au-dessus du sommet.*

La réserve doit contenir une certaine portion de fil destinée à l'empointage. C'est cette portion seule qui doit subsister encore lorsque le chariot, à la fin de la quatrième période, arrive au porte-cylindres. Elle doit fournir *le fil d'alimentation.*

Actuellement, ou 1° le fil d'alimentation est enroulé sur la tête de la bobine ; ou 2° la baguette n'est douée que d'une faible vitesse d'ascension au commencement de sa relevée et forme, par suite, le fil d'alimentation sur l'aiguille vers le sommet de la bobine ; ou 3° le fil d'alimentation est enroulé un peu au-dessus de la tête et par conséquent sur l'aiguille, avant la *relevée* de la baguette, c'est-à-dire avant l'empointage.

Les trois procédés sont possibles ; le premier entraîne la détérioration de la tête par suite du mouvement ascensionnel du fil pendant la sortie du chariot ; le deuxième et le troisième sont exempts de ce défaut, on peut les employer séparément ou simultanément ; c'est ce qui se reconnaît sur les différentes dispositions de mécanismes employées à cet effet.

En observant toutes nos conclusions sur l'empointage et sur le dépointage, on arrive à avoir, dans tout le cours d'une même aiguillée, un nombre à peu près *constant* de tours du fil empointeur.

80. Pour dépointer, il faut 1° faire détourner la broche d'autant de tours qu'en fait le fil empointeur sur l'aiguillle ; 2° faire abaisser la baguette jusqu'au point qu'elle doit occuper au début du renvidage, et, à ce point, la mettre en dépendance de la règle.

Si la première de ces opérations se faisait avant la seconde, le fil serait lâche. Si la deuxième opération se faisait avant la première, le fil se romprait. En effectuant ces deux opérations simultanément on n'a pas ces inconvénients et, de plus, on gagne du temps.

Soient (fig. 58) O le centre de baguette ; C B la broche ; A le sommet de la bobine ; B I la direction du fil-fait ; B F une perpendiculaire à la broche, à l'étoile ; A E une perpendiculaire à la broche, au sommet de la bobine ; E A D l'inclinaison d'enroulement au début du renvidage ; H la position de baguette à l'état de repos, c'est-à-dire pendant les deux premières périodes ; F, E, D les intersections des lignes B F, A E, A D avec l'arc décrit par la baguette. L'angle H O D que doit parcourir la baguette pendant le dépointage, est égal à l'angle H O G (que nous appellerons angle d'entrée) + l'angle G O E (que nous appellerons angle moyen) + l'angle E O D (que nous appellerons angle complément).

Au premier abord, on trouve que le détour de la broche et la descente de baguette *ne devraient pas commencer simultanément* : que le détour ne devrait commencer qu'après que la baguette a décrit l'angle d'entrée ; et puis que la baguette devrait se mouvoir de G en E et D, c'est-à-dire décrire l'angle moyen et l'angle complément, pendant que le détour s'opère. La contre-baguette tendant, bien entendu, le fil pendant cette dernière opération. — Mais on comprend ensuite, *qu'au début du détour*, comme il n'y aurait pas encore de réserve, le fil se romprait si la contre-baguette venait le tendre ou si une trop grande course de baguette avait lieu. Nous disons *au début du détour* parce qu'une fois le détour à un certain degré d'avancement, il y aurait une réserve de formée qui pourrait répondre aux excès de mouvement de la baguette et être tendue par la contre-baguette.

La descente de la baguette et le détour des broches commençant simultanément, il se forme de suite une réserve que la contre-baguette doit venir tendre sans choc en même temps que la baguette atteint et commence à diriger le fil.

Nous verrons que, dans les mécanismes dont résulte le dépointage, il arrive souvent que le détour commence avant l'abaissement de la baguette. Il en résulte, dès le début, une réserve très notable. Cette réserve ne se trouvant pas tendue de suite, il se produit souvent des vrilles qui, si elles sont presque toujours détruites par la tension de la contre-baguette, sont toujours un peu nuisibles au fil.

81. Dans d'anciennes machines le dépointage avait été réalisé sans détour de broche. Dès que la seconde période s'était terminée, la contre-baguette s'élevait brusquement jusqu'au-dessus des étoiles des broches. Il en résultait le dévidage du fil empointeur. Après cela, la baguette s'abaissant ramenait le fil à la position qu'il doit avoir au début du renvidage. Cette manière d'opérer a été abandonnée parce qu'elle est trop violente et que les mécanismes réalisés pour la suivre ont fait voir que, sans accroissement notable de complication, on peut opérer le détour des broches.

82. Maintenant que nous avons exposé les conditions que doivent remplir les mécanismes spéciaux qui commandent l'empointage et le dépointage, nous allons nous occuper de ces mécanismes eux-mêmes.

Le lecteur se souvient sans doute parfaitement des explications données aux numéros 10 et 11 sur le rôle que jouent (fig. 5) le baisse-baguette G^0, la chaînette F^2, et la virgule F. La figure 59 présente ces mêmes pièces avec une modification qu'il n'était pas utile de présenter aux numéros 10 et 11. Les pièces de cette figure portent les mêmes lettres que les mêmes pièces de la figure 5. Soient dans le châssis ab, c un arbre parallèle à l'arbre des broches et porteur d'un levier h ; f une petite bielle reliant ce levier h avec le levier de la liaison A^2 par les articulations e, g ; d un galet fou sur un tourillon fixé au bout du levier h. La chaînette F^2, avant de se rendre au baisse-baguette, passe de la virgule F sous le galet d. La position du galet d est liée à celle du levier A^2. Elle est plus à droite quand le levier A^2 ne contient pas dans son encoche B^2 le galet V^1, comme dans la figure 5. Elle est plus à gauche quand le galet V^1 est contenu dans ladite encochure.

Supposons d'abord que le galet d soit fixe de position. A l'instant où le levier de liaison passe sur le galet V^1, il donne lieu, par un mécanisme distributeur, à la quatrième période; par conséquent, à cet instant, le dépointage doit être complétement terminé. Cependant, par suite de la puissance vive acquise, l'arbre des broches continue à tourner *un peu*, la virgule continue à enrouler de la chaîne, la baguette baisse encore un peu, et l'encoche B^2 monte un peu au-dessus du galet V^1. — Nous avons dit (10 et 11) que la virgule est disposée de façon à être solidaire de l'arbre des broches pendant que celui-ci tourne dans le sens contraire à la torsion. — La virgule ne devient folle qu'après que l'arbre des broches a commencé à retourner dans le sens de la torsion. Comme ce sens est le même que celui du renvidage, il arrive que la virgule n'est libre que peu après que le chariot a commencé sa rentrée. Le levier A^2 reste donc maintenu trop haut au-dessus du galet V^1 jusqu'à un certain moment de la rentrée du chariot et, par conséquent, l'action de la règle est paralyséeau début de la quatrième période. Nous n'avons pas besoin de faire ressortir que c'est là un grave défaut. C'est pour l'éviter, ce défaut, que le galet mobile d est établi; voici sa fonction : à l'instant où le levier A^2 passe sur le galet V^1, le galet d se déplace vers la gauche par suite de sa liaison avec le levier A^2, détend la chaîne F^2, et rend par conséquent la baguette indépendante de la virgule, tout en permettant à celle-ci la faible et inévitable rotation qui s'effectue depuis la fin de la troisième période jusqu'au commencement du renvidage par l'action mourante de la puissance vive des broches et des pièces qui les commandent pendant le dépointage.

83. S'il arrive qu'avant le dépointage la chaînette F^2 soit lâche, c'est-à-dire qu'il y ait un excès de chaînette, le détour des broches commence avant la descente de baguette qui n'a lieu qu'après que l'*excès de chaînette* s'est enroulé sur la virgule. Il en résulte que la baguette est obligée de décrire un angle beaucoup plus grand avant de pouvoir atteindre le fil en déroulement, car on comprend que les formes et les proportions de la virgule et du baisse - baguette peuvent être déterminées de manière à faire néanmoins parcourir à la baguette tout son chemin voulu, pendant le nombre nécessaire de détours de broche. La réserve corrige d'ailleurs ici les défauts inévitables de corrélation du mouvement de la baguette et de celui des broches.

Nous avons dit (32) qu'on ne se base, pour les diverses positions à donner à la règle, que sur les positions que la baguette doit avoir au début et à la fin de la formation de l'ascendante, et que la descendante est d'une importance secondaire. L'inclinaison d'enroulement, au début de la descendante, ou bien l'angle complément peut donc être varié *un peu*, et arbitrairement, quand on en peut obtenir un effet utile.

Le nombre de tours total imprimé à la broche par le mécanisme dépointeur *se compose* : 1° du nombre de tours imprimés à la broche depuis le moment initial du détour jusqu'au moment où la chaînette F^2 est tendue; 2° du nombre de tours imprimés à la broche depuis le moment où la chaînette F^2 est tendue jusqu'au moment où l'encoche du levier de liaison s'est engagée sur le levier de règle.

Ce nombre de tours total dépend :

Pour le premier point : de l'excès de chaîne;

Pour le deuxième point : 1° des formes et dimensions du *baisse-baguette* et de la virgule; 2° de la *différence* de hauteur de l'encoche du levier de liaison et du galet du levier de règle sur lequel galet s'engage l'encoche.

Cette dernière différence dépend elle-même :

De la platine de base, si la règle se meut suivant une coulisse *verticale*;

Des deux platines et de la courbure qui dans la règle correspond à la descendante, si la règle se meut suivant une coulisse *oblique*.

Le principal élément de variation du nombre de tours du dépointage est contenu dans les variations de hauteur de la règle et par conséquent *dans les platines*; cet élément de variation est le premier qui se présente à l'esprit; mais cet élément donne une variation de nombres de tours de dépointage qui n'est pas toujours la plus convenable, on a donc cherché la faculté de modifier les résultats de ce premier élément par l'emploi des autres éléments modificateurs que nous venons d'énumérer.

84. (A) — Dans les premières combinaisons, la virgule et le baisse-baguette étaient deux arcs de cercle, et la règle se mouvait suivant une coulisse verticale, en sorte que les platines constituaient le seul élément de variation. Multiplier ou diviser le rapport des rayons du baisse-baguette et de la virgule, c'était multiplier ou diviser le nombre de tours de dépointage pour toute la levée.

(B) — Dans les combinaisons qui ont suivi, ayant reconnu que le déroulement du fil empointeur commençait en tout cas (c'est-à-dire avec excès de chaîne ou non) avant que la baguette eût passé la ligne du fil-fait et qu'il était mauvais de laisser le fil devenir trop lâche à cause des vrilles qui en résultent, on a modifié l'enroulement régulier de la chaîne en substituant à la virgule de la figure 59 la virgule de la figure 60, qui se compose d'un cylindre *a*, muni, sur son côté, d'un nez sur lequel est fixé un tourillon *c* après lequel s'attache la chaînette *d*.

Le sens de rotation du dépointage étant figuré par la flèche *e*, la position initiale de la virgule et de la chainette étant telle que l'angle *d c i* que fait la chainette tendue avec le rayon au tourillon *c*, est à peu près droit, il arrive que la vitesse d'absorption de la chainette par la virgule étant proportionnelle à la longueur de la perpendiculaire *o f* abaissée de l'axe de la virgule sur la chainette, *diminue* jusqu'au moment où la chainette se met en contact du canon *a ;* à ce moment la vitesse d'absorption se trouve *uniforme*. — Par cette disposition, la vitesse d'abaissement de la baguette, par rapport au mouvement de détour, diminue graduellement. On a aussi, dans le même but, remplacé le canon cylindrique *par* un canon excentrique, et *simultanément* ou SEULEMENT, remplacé le baisse-baguette droit ou circulaire *par* un baisse-baguette excentrique. Le simple levier baisse-baguette de la figure 5, suivant qu'on l'incline, peut donner une rotation rapide au commencement de l'abaissement et diminuante jusqu'à la fin de l'abaissement. De plus, au moyen de deux ou trois tourillons d'attache de chainette fixés à différentes distances du centre de baguette sur ce levier, on peut *multiplier* ou *diviser* facilement les nombres de tours de dépointage de toute la levée. — Les précédentes combinaisons ne variaient que la *vitesse relative* de l'abaissement de baguette et de détour de broche.

(C) — On a combiné pour baisse-baguette, ou pour virgule, ou pour ces deux organes simultanément, des courbures dont résultaient des variations dans le rapport des nombres de tours de dépointage à l'abaissement total de baguette, tout en cherchant à atteindre le but des combinaisons B.

(D) — Avec l'emploi d'une règle se déplaçant suivant une coulisse oblique, on a tracé la portion relative à la descendante, de manière à varier spécialement la hauteur du levier de règle au moment du dépointage. Il en résulte une variation de l'angle total d'abaissement de la baguette, une variation de l'angle complément et, par suite, une variation dans le nombre de tours du dépointage : nous avons dit que la descendante n'en est pas nuisiblement affectée.

Cette combinaison D peut se marier avec les combinaisons A, ou B, ou C.

(E) — Dans toutes les combinaisons précédentes on peut donner un excès de chainette, ce qui cause l'accroissement d'un même nombre de tours de dépointage à chaque aiguillée d'une levée, et toujours au début de la troisième période.

Dans toutes ces combinaisons on peut donner lieu aussi à un excès de chainette, *variable,* de la manière suivante (fig. 61) : Soient A B la coupe non détaillée du chariot, H la virgule, γ la chainette, C une flèche représentant le sens de rotation de la virgule au dépointage, F E un levier oscillant sur un tourillon D solidaire du chariot et s'attachant à son extrémité E à une chaîne dont l'autre extrémité s'attache au tourillon de la virgule H ; l'autre extrémité F du levier FE est recourbée et vient butter, lorsque le chariot arrive au bout de sa course, sur le bord courbe supérieur d'une platine G qui est liée de position avec les platines de la règle, c'est-à-dire qu'elle se déplace avec elles, à chaque aiguillée, d'une même quantité. Pendant la première et la deuxième période, la virgule est folle sur son arbre, et, par l'action du frottement, tend à tourner dans le sens de la flèche C' ; lorsque le chariot arrive au bout de sa course, l'extrémité F du levier FE, venant butter sur la platine G, se relève, abaisse le point E, fait tourner la virgule dans le sens de la flèche C, jusqu'au moment où le chariot s'arrêtant, le point F cesse de monter sur la courbe de la platine G. Par cette opération, l'excès de chaîne est diminué d'une quantité proportionnelle à l'ordonnée sur laquelle s'arrête le nez F, et lorsque (par suite du mouvement, en sens contraire, de l'arbre des broches) la virgule est entraînée dans le sens de la flèche C, la chaine devient par conséquent tendue à des moments qui varient suivant la courbure de la platine G.

On comprend immédiatement ici que l'excès de chaîne, grand au commencement, peut et doit diminuer à la fin de la levée, mais que les variations de cet excès de chaîne se traduisant par des variations dans la position initiale de la virgule, il en résulte une variation dans la loi des vitesses d'abaissement de la baguette. — Comme on voit, chacune de ces dispositions a ses inconvénients et ses avantages, chacune entraîne une modification de l'autre lorsqu'elle lui est adjointe, et toutes ces combinaisons donnent lieu à des épures à peu près justes, mais différentes l'une de l'autre. — La moindre variation, d'ailleurs, dans la position d'une pièce, modifie la loi ; mais les modifications proportionnelles des dimensions de la virgule ou du baisse-baguette donnent lieu principalement à des modifications proportionnelles dans le nombre de tours de dépointage de chaque couche de toute la levée.

85. Le nombre de détours du dépointage peut se composer de la manière suivante :

1° D'une quantité correspondant à l'enroulement de l'excès de chaîne, plus d'une quantité *constante* correspondant à l'angle d'entrée de baguette ;

2° D'une quantité variable correspondant à l'angle moyen de baguette ;

3° D'une quantité qu'*on peut considérer* comme *constante*, correspondant à l'angle complément de la baguette.

Toutes choses étant combinées pour le mieux à la première couche, nous remarquerons que le dépointage deviendra trop grand lorsque l'aiguille sera devenue trop petite. En effet, si le parcours total de l'angle d'entrée et de l'angle complément correspond par exemple à 5 tours de dépointage, ce dépointage devient trop grand au moment où l'aiguille est assez petite pour n'avoir plus que 5 tours de fil empointeur, même lorsque l'excès de chaîne est annulé par une platine, *à moins* qu'on veuille, au moyen du nez du secteur, enrouler sur le sommet de la bobine une certaine quantité de fil destinée à être dévidée par cet excès de dépointage et assez riche pour alimenter cet excès. Cette observation corrobore l'admission d'une limite inférieure de longueur d'aiguille, limite que l'expérience a assignée et que nous avons déjà mentionnée (56).

86. Il a encore été réalisé d'autres systèmes de mécanismes que ceux dont nous avons parlé pour opérer le dépointage; nous n'en parlerons pas ici, parce qu'ils ne sont pas en usage dans les métiers actuels. Leur explication se déduit d'ailleurs des principes que nous avons donnés. Le calcul de toutes les dimensions des organes essentiels du dépointage se déduit également de ces principes d'une manière très élémentaire, ainsi que les tâtonnements par lesquels on peut arriver à modifier les lois ou effets de ces mécanismes, suivant que la marche de la machine le fait juger convenable.

87. Quand il y a trop de dépointage, les sommets de couche se dégarnissent de leur fil et, par conséquent, les têtes des bobines obtenues ont la forme de la figure 62. — Ce défaut peut d'ailleurs provenir aussi du dévidage qui peut résulter d'un mauvais empointage ou de toute autre cause. — Quand il y a trop peu de dépointage, l'effet inverse se produit d'abord : soit c (fig. 63) le point où le dépointage s'arrête, b le sommet réel de la bobine où se termine le renvidage, a la base de couche. De a en b le fil est serré et rapproché, de b en c il est *mou* et d'un *pas* aussi *allongé* que celui du fil empointeur. Le point b avançant, ainsi que le point c, d'une certaine quantité à chaque aiguillée, vient comprimer, par un renvidage serré, les parties de bc antérieurement molles. L'allongement de tête bc étant peu tendu et consommant beaucoup de fil empointeur [lequel, parce qu'il n'est pas tendu, n'est doué d'aucune des propriétés correctrices que nous avons signalées dans le fil qui constitue la bobine (15, 16)], se gonfle toujours davantage, et il en résulte une bobine dont la section est mauvaise et représentée par la figure 64, et dont l'aspect extérieur montre le fil comme il est représenté dans la figure 65.

Ce défaut se corrige vers la fin de la levée, lorsque le nombre de tours du dépointage devient naturellement trop grand par suite de la trop faible longueur de l'aiguille.

88. Passons à l'opération de l'empointage.

Soient : A les cylindres débiteurs; B C la broche au moment où le chariot est le plus près du porte-cylindres, c'est-à-dire à la fin de la quatrième période; D le sommet de la bobine; E la position de la baguette relevée. C A représente le fil-fait, F et G les arcs de parcours de la baguette et de la contre-baguette, H la position de la baguette sur l'arc F avant sa *relevée,* I la position correspondante de la contre-baguette.

Le fil contenu entre la broche et les cylindres, avant la relevée de la baguette, se compose :

1° De la longueur D H; 2° de la longueur H I de la réserve; 3° de la longueur I A.

Après la relevée de la baguette, le fil contenu entre le sommet I de la bobine et les cylindres se compose :

1° De la longueur du fil empointeur de l'aiguille D C;

2° De la longueur du fil-fait C A.

Considérons : Qu'il se passe *un temps d'arrêt* entre l'arrivée du chariot au porte-cylindres et son départ à la période suivante;

Que la baguette ne se relève que pendant ce temps d'arrêt;

Que les broches continuent à tourner pendant ce temps d'arrêt, sous l'action de la puissance vive de leur système de commande.

Rigoureusement, on devrait avoir :

$$\left.\begin{array}{l}\text{Longueur du fil empointeur de D C}\\ \textit{plus}\text{ fil-fait C A.}\ldots\ldots\ldots\end{array}\right\}\ \textit{égal}\ \left\{\begin{array}{l}\text{D H}\\ \text{plus H I, la réserve,}\\ \text{plus I A.}\end{array}\right.$$

(A A) — Si la baguette se relève trop vite par rapport au mouvement de rotation de la broche, il y aura trop peu de fil empointeur sur l'aiguille, le fil-fait se trouvera trop long et il y naîtra des vrilles.

(B B) — Si la baguette se relève trop lentement par rapport au mouvement de rotation de la broche, il y aura trop de fil empointeur sur l'aiguille, et il en résultera, soit un peu de dévidage du fil de la tête de bobine, soit une *coupure* du fil ou même sa *rupture,* c'est-à-dire une *barbe.*

La baguette se relève à chaque aiguillée d'une quantité inégale, et comme jusqu'à présent elle ne cède qu'à l'action de ressorts, attendu que des poids secoueraient le chariot, sa vitesse de relevée au début varie; d'autre part, la broche tourne pendant la relevée de baguette avec une vitesse qui tient d'abord de la puissance vive variable de son mouvement de commande, et finalement du commencement de son mouvement de torsion. — La rigueur de corrélation, comme on voit, ne serait pas ici chose facile.

89. Les *vrilles* sont d'autant plus à craindre dans cette opération que la contre-baguette I doit s'abaisser avant que le chariot ne soit le plus près du porte-cylindres.

Voici par quel artifice ces vrilles peuvent être évitées :

La contre-baguette doit s'abaisser aussi tard que possible, pas plus bas que cela n'est nécessaire pour la période suivante, et cela au même moment que la baguette se relève, abandonnée à ses ressorts. (Quand cela ne peut avoir lieu à cause de la hauteur de la contre-baguette, cela provient toujours de ce qu'il n'y a pas eu absorption suffisante de fil pendant le renvidage.)

On fait arriver, à la fin de la quatrième période, le chariot aussi près que possible du porte-cylindres, de manière que l'angle D C A de l'aiguille avec le fil-fait soit *assez grand* pour permettre qu'en tirant le fil-fait dans la direction C A des cylindres, le fil se dévide facilement de l'aiguille, sans cependant être *trop grand* pour que ce fil n'empointe plus convenablement l'aiguille.

On fait relever la baguette, *lentement d'abord, puis très rapidement*, de manière que la *tendance* ascensionnelle du fil sur l'aiguille (par la rotation de la broche), *contenue* d'abord par la baguette, laisse s'enrouler *un peu trop de fil* sur la partie inférieure de l'aiguille, et que l'ascension rapide finale de la baguette dépasse ensuite celle du fil, de manière que la baguette ait dépassé la ligne C A avant que le fil ait entièrement empointé l'aiguille. Alors, comme il y a un peu trop de fil enroulé sur la partie inférieure de l'aiguille, l'empointage ne se complète qu'avec l'aide d'un petit glissement ascensionnel de ce fil en excès de la partie inférieure de l'aiguille. — Ce fil en excès nous l'avons déjà désigné sous le nom de *raccordement*.

On comprend que ce mouvement est délicat, et qu'il demande quelques tâtonnements pour son réglage.

Il y a vraiment peu de métiers dans lesquels l'empointage soit bien réglé : on évite bien le défaut B B, parce qu'il est le plus grave, mais en l'évitant on tombe ordinairement dans le défaut A A qui nuit au fil.

Lorsque l'aiguille devient trop petite, il est extrêmement difficile d'éviter un certain dévidage du fil de la tête, à l'empointage, et même pendant une partie de la sortie du chariot. Ce dévidage donne lieu à des vrilles. Aussi la manie de vouloir exécuter les bobines les plus longues *possibles* pour augmenter le produit de la machine s'exerce-t-elle au détriment de la bonne confection de ces bobines et du fil qui les constitue (85).

90. Quand l'angle D C A est très obtus, 1 centimètre de sortie de chariot correspond à peine à 3 millimètres d'augmentation de fil-fait et, par conséquent, si les cylindres débiteurs ne tournent pas, à 3$^m/_m$ de dévidage. — Quand l'angle D C A se rapproche de l'angle droit, toutes choses égales d'ailleurs, 1 centimètre de sortie de chariot correspond à 8, 9, 10 millimètres de dévidage.

Cela posé, supposons que, à la fin de la quatrième période, le chariot *ne rentre pas assez* et que, par conséquent, *l'angle D C A ne devienne pas assez grand.* Il arrive que, si après la relevée de la baguette le chariot rentre encore de quelques millimètres par l'action mourante de sa puissance vive, il se forme une vrille sensible, et, si avant la sortie du chariot par l'action du moteur, il y a eu, dans le sens de cette sortie, un recul du chariot produit par l'élasticité des organes, ce recul se traduit généralement par une correction imparfaite de la vrille précédente et souvent par une coupure (la mesure trop faible de l'angle D C A ne permettant pas un facile dévidage) de fil empointeur. — Cet effet se produit surtout avec intensité lorsque le chariot, rentrant avec une vitesse insuffisamment ralentie, s'arrête avec choc et soubresaut en arrière.

91. *Nous avons supposé jusqu'à présent que la baguette ne se relève que pendant le temps d'arrêt* et nous lui avons, à elle seule, donné des fonctions importantes dans l'empointage; c'est effectivement ce qui arrivait dans les anciens métiers, mais, 1° le temps que demande ce mouvement de relevée, est un temps variable suivant la longueur de l'aiguille et qui ne saurait correspondre toujours *de la même manière* avec le temps d'arrêt et avec la fin de la quatrième période; 2° il est très difficile de donner à la baguette un mouvement ascendant croissant en vitesse, qui ne soit pour chaque longueur d'aiguille ni trop rapide ni trop lent en somme.

Relativement au premier point, revenons à la figure 5. La relevée de la baguette ou, ce qui revient au même, sa libération, son abandon à ses ressorts (qui tendent à la relever) est occasionnée, vers la fin de la quatrième période, par la rencontre qui a lieu de l'extrémité C^2 du levier de liaison et du nez de la pièce en équerre D^2. Cette rencontre donnant lieu au recul du levier de liaison et, par suite, au dégagement de ce levier du galet V^1 du levier de règle.

(CC) — En principe, la baguette doit *se trouver* relevée au même instant dans l'aiguillée, quelle que soit la longueur de l'aiguille; ce n'est donc que *le moment où cette relevée commence qui varie.* Pour opérer cette variation, on s'est dit que, lorsque la baguette doit se relever, elle se trouve plus basse dans les premières couches et graduellement plus haute jusqu'à la fin de la levée; que la pièce D^2 repousserait le levier de liaison par un des points supérieurs du nez C^2 au commencement de la levée et par un des points inférieurs du même nez à la fin de la levée ; que par suite si l'extrémité C^2 était obliquée de haut en bas dans le sens de la rentrée du chariot, qui est le sens du côté gauche dans la figure 5, le levier de liaison serait repoussé plus tôt au commencement de la levée, et plus tard à la fin.

Pour bien satisfaire au principe C C par la plus convenable inclinaison de l'extrémité C^2, l'expérience est le guide le plus certain. On peut dans tous les cas établir cette inclinaison de manière que les lignes horizontale et verticale menées des points haut et bas de l'extrémité C^2 soient dans le rapport de 1 à 5 ; sauf à modifier ce résultat dans le réglage.

Relativement au deuxième point, on a établi sur la règle, à son extrémité qui est du côté du porte-cylindres, une brusque déviation $c\,d$ (fig. 67). Il en résulte qu'avant la relevée de baguette, celle-ci s'élève au-dessus du sommet de la bobine et enroule sur l'aiguille ce que nous avons appelé un raccordement (77). Par ce moyen — la baguette étant établie de manière à se relever *uniformément ou non* et réglée de manière à s'élever *plus vite* que la rotation des broches ne fait monter le fil, — il arrive que, le fil empointeur étant réglé tel qu'il ne soit pas suffisant pour empointer, il y a pendant l'empointage un peu de *tension* du fil, laquelle tension occasionne un glissement du fil supérieur du raccordement — et, par suite, on évite les vrilles avec moins de difficulté que dans les conditions supposées du numéro 89.

Mais si la règle se déplaçait suivant une coulisse verticale, il arriverait ici que le raccordement croîtrait avec la diminution de l'aiguille, puisque le moment de relevée de baguette se retarde suivant cette diminution ; or, au contraire, ce raccordement doit diminuer (78). Il est donc nécessaire que cette déviation de règle devienne moins sensible au fur et à mesure de l'avancement de la levée. L'établissement d'une coulisse oblique $a\,b$ obligeant la règle à se déplacer vers le porte-cylindres au fur et à mesure de l'avancement de la levée, répond à cette nécessité. On sait d'ailleurs que cette disposition n'est pas nuisible au renvidage. — Le galet du levier de règle arrivant à la fin de la rentrée du chariot jusqu'au point i par exemple, au commencement de la levée, n'arrive plus alors que jusqu'à un point m. Quant à l'inclinaison de cette coulisse, elle doit être basée beaucoup sur l'expérience ; toutefois on peut la baser sur ce que les longueurs du raccordement doivent être proportionnelles aux diamètres de l'aiguille à la fin de la première et à la fin de la dernière couche de la bobine ; le rapport ordinaire entre les lignes $a\,f$ et $f\,b$ verticale et horizontale menées de deux points a, b de la coulisse, varie de 5/3 à 4/3.

L'opération de l'empointage est une des plus difficiles à régler parfaitement.

— On comprend que trop ou trop peu d'empointage demande plus ou moins de dépointage ou réciproquement. Ces deux opérations ont de la solidarité, mais il faut prendre garde de ne jamais attribuer à l'une le défaut de l'autre. Un défaut grave est celui, déjà cité, du dévidage des parties environnantes de la tête de bobine : pour le reconnaître avec évidence, il suffit d'arrêter la machine successivement à différents moments de la fin de la quatrième période et du commencement de la première période qui la suit, et de marquer préalablement à l'encre quelques points du fil empointeur ; on peut facilement observer les déplacements de ces points et en inférer les défauts à corriger.

Trop d'empointage se présente souvent au commencement de la levée, mais rarement et difficilement à la fin.

Trop peu d'empointage se présente le plus souvent à la fin de la levée, à cause du facile dévidage le long de l'aiguille qui ne présente alors presque plus d'adhérence.

Ces deux défauts donnent lieu aux mêmes effets sur les bobines que les défauts inverses dans le dépointage.

DEUXIÈME PARTIE

XIV

MÉCANISMES DIVERS DU MÉTIER AUTOMATE

92. L'arbre des broches reçoit son mouvement de rotation, pour la torsion, soit par corde, soit par arbre cannelé ; nous croyons n'avoir pas besoin d'expliquer la disposition de commande par ce dernier arbre, ni la commande par corde telle qu'on l'a faite au mull-jenny, ni même le passage à corde double sur toutes les poulies fixes et folles de la torsion. Nous rappellerons seulement en passant que pour aider le chariot dans son mouvement de sortie, pendant la première période, il est bon, dans les métiers automates comme dans les mull-jenny, que la corde de torsion *a* (fig. 68) marche dans le sens de la sortie du chariot, ainsi que l'indiquent les flèches de la figure.

93. Pour la torsion et pour le renvidage, la rotation de la broche doit s'effectuer dans le même sens. On reconnaît au premier examen que, s'il n'en était pas ainsi, le fil ne saurait empointer l'aiguille pendant la torsion et que la bobine se déviderait (3).

Tous les mouvements des broches sont commandés par l'arbre des broches ; donc, tous les organes qui ont une action sur la rotation des broches, doivent agir sur l'arbre des broches. — Généralement, la virgule est disposée sur l'arbre des broches et le barillet sur un arbre à part. Nous allons voir comment la virgule et le barillet sont liés de rotation avec l'arbre des broches *aux moments voulus*.

Commençons par la virgule : Cet organe ne doit enrouler la chaînette de dépointage que pendant que l'arbre des broches tourne en sens contraire au sens de la torsion : Soient A l'arbre des broches (fig. 69) ; B un rochet fou sur l'arbre, mais solidaire de la virgule ; C un disque fixe sur l'arbre et muni, sur toute sa circonférence, d'un rebord D ; — *a, b, c, d, e,* des tourillons fixés contre le disque C, sous son rebord. Sur chacun de ces tourillons, comme axes, sont disposés fous, des cliquets dont la figure fait connaître la forme. Le rochet B a ses dents tournées de manière à pouvoir être commandé dans le sens de la flèche g par les cliquets du disque. Pendant le dépointage, le disque C tourne lentement dans le sens de cette flèche g; il en résulte qu'au moins un cliquet tombe sur le rochet et l'entraîne dans le mouvement de rotation du disque; la virgule se trouve ainsi commandée. Lorsque le dépointage est fini, le renvidage se fait, l'arbre A tourne alors dans le sens de la flèche f; dès lors les cliquets ne sauraient entraîner le rochet, et même, attendu que la rotation du renvidage est beaucoup plus rapide que celle du dépointage, leur force centrifuge les écarte et les appuie contre le disque D. Cette action, dont résulte l'entière liberté du rochet et, par suite, de la virgule, est plus intense encore pendant la première période où la rotation de l'arbre des broches est très rapide. — Cet appareil s'appelle *boîte à cliquets*.

A cette disposition qui ne manque pas d'élégance, on en substitue aujourd'hui une autre (fig. 70) :

Soient A l'arbre des broches; B un rochet muni d'un canon à gorge K; cette fois ce rochet est solidaire de l'arbre; L la virgule solidaire d'un plateau C fou sur l'arbre et lequel porte, sur un point de son contour, un tourillon D. Sur ce tourillon, comme sur un axe, est monté un cliquet fou E, dont le canon porte deux pattes F, entre lesquelles s'engage l'un des bouts G, d'un ressort d'acier G H I, qui comprime et enveloppe la gorge du canon K, dans laquelle il est maintenu par ses bords et sur laquelle gorge ce ressort peut, à cause de sa forme, tourner comme sur un axe. Lorsque le dépointage a lieu, l'arbre A et, par suite, le rochet B tournent dans le sens de la flèche a. Dès lors, le ressort G H I, entraîné dans ce mouvement, tend, avec l'effort de son frottement sur le canon K, à faire osciller les pattes F du cliquet dans le sens de la flèche a et, par suite, à faire pénétrer le cliquet E dans les dents du rochet; il en résulte que le plateau C et, par suite, la virgule L sont entraînés dans ce mouvement de rotation jusqu'à la fin du dépointage. Lorsque la quatrième période commence, l'arbre A et le rochet B tournent dans le sens contraire, suivant la flèche b; dès lors, le cliquet E ne subit plus son action; d'autre part, le ressort G H I qui tend à tourner dans le sens b par l'exercice du frottement du canon K donne lieu au soulèvement du cliquet E et, par conséquent, à la libération complète de la virgule.

94. On se rappelle la platine du dépointage avec le levier destiné à varier l'excès de chaîne (81). Dans la généralité des machines, l'excès de chaîne est constant; mais pour assurer cette constance, il faut que la position de la virgule

soit toujours identique au début du dépointage. Pour y arriver, on s'est dit que la virgule étant folle sur l'arbre des broches, celui-ci, par le frottement, tend à la faire tourner dans le sens de la rotation de torsion ; qu'en conséquence, si l'on dispose généralement un buttoir contre lequel, par un nez disposé sur la virgule, celle-ci vient s'arrêter, on peut empêcher la virgule de ne s'arrêter que lorsque la chaînette est tendue, on peut par suite déterminer la constance de l'excès de la chaînette. — Mais une pareille disposition ne permet pas à la virgule de faire un peu plus qu'un tour, parce qu'au bout d'un tour elle vient rencontrer de nouveau le buttoir. Pour parer à cet inconvénient, on a imaginé diverses dispositions donnant lieu à la mobilité de ce buttoir. Nous n'en donnerons qu'une qui s'applique au mécanisme de la figure 70, que nous venons de décrire.

Soient A l'arbre des broches (fig. 71) ; C le plateau solidaire de la virgule ; M un tourillon fixé contre le plateau ; O un disque fou sur l'arbre A et muni de deux nez N, P d'inégales longueurs ; Q un buttoir assez près de l'axe pour être rencontré par le nez P et assez loin pour ne jamais être rencontré par le nez N.

Pendant la torsion, le plateau, sous l'action du frottement, tend à tourner avec la virgule dans le sens de la flèche *b*; mais dans cette tendance, il est retenu, avant de pouvoir l'être par la chaînettte, par le nez N du disque contre lequel vient butter le tourillon M, et le disque lui-même butte par son nez P contre la pièce Q. Lorsque le dépointage s'effectue, le plateau tourne dans le sens de la flèche *a*, dès lors le tourillon M abandonne le nez N, vient butter contre le nez P, le soulève en faisant tourner le disque jusqu'à ce que le dépointage soit terminé, ce qui, supposons, arrive quand le nez P occupe la position *d*. Le dépointage terminé, le nez P tend un peu à revenir à sa position primitive par l'action de son poids ; d'autre part, le plateau C tend aussi à tourner dans le sens de la flèche *b* entraîné par le frottement sur l'arbre. Le tourillon M décrit donc de nouveau suivant la flèche *b* le chemin qu'il avait décrit suivant la flèche *a*, abandonne en route le nez P qui butte contre le buttoir Q et revient s'appuyer contre le nez N. Il n'est pas difficile de reconnaître que, par ce dispositif, la virgule peut faire un peu plus d'un tour et que la quantité dont elle pourra dépasser un tour pourra être augmentée en diminuant l'angle *g* A *h* des deux nez jusqu'à le rendre nul, et alors la virgule pourra faire près d'un tour et demi.

On dispose généralement les organes du châssis et du chariot de manière que la virgule fasse le moins de rotation possible (de 1/3 jusqu'à 5/3 de tours environ).

95. Passons au mécanisme imaginé pour le barillet.

Soient (fig. 72) C le châssis ; A l'arbre des broches ; B l'arbre du barillet ; D le barillet proprement dit qui enroule ou déroule la chaîne du levier renvideur. Le barillet est fixe sur l'arbre B, ainsi qu'une roue d'engrenage F. Soient H un plateau solidaire d'une roue G folle sur l'arbre A et engrenant avec la roue F ; I un rochet fixe sur l'arbre ; J un cliquet à pattes monté follement sur un tourillon fixé au plateau et tenant entre ses pattes une aile d'un ressort comme celui expliqué sur la figure 70, mais qui frotte et est emprisonné dans la gorge d'une pièce tournée K *qui ne tourne pas* et qui, à cet effet, s'attache à un support non figuré. Pendant la première période, le chariot se meut suivant la flèche *a*, le barillet tourne suivant la flèche *b* et, par suite, la roue G et le plateau H suivant la flèche *c* ; le cliquet à pattes entraînant son ressort, est soulevé. Lorsque la troisième période s'effectue, le cliquet est encore soulevé, mais dès que la quatrième période commence, le barillet tournant dans le sens de la flèche *d* fait tourner le plateau suivant la flèche *e* ; le cliquet à pattes en entraînant le ressort dans ce sens s'abaisse, saisit le rochet par ses dents convenablement dirigées à cet effet et commande l'arbre des broches. Quand recommence la première période, l'arbre des broches s'anime d'une grande vitesse suivant la flèche *e*, et le chariot recommençant à sortir, le barillet tourne de nouveau suivant la flèche *b*, fait tourner le plateau suivant la flèche *c*, et le cliquet à pattes, pour traîner son ressort, se relève.

96. L'emploi de la friction de ce ressort, pour donner lieu à l'embrayage et au débrayage des pièces, est simple et ingénieux ; mais pour le barillet, ce dispositif tombe en défaut au début du dépointage, du moment où une action quelconque donne lieu à la moindre rotation du barillet dans le sens de la flèche *d*. En effet, le cliquet J saisit alors le rochet qui, étant fixe sur l'arbre, l'empêche de tourner en sens contraire comme le veut le dépointage. Il résulte de cette contrariété de mouvement, que le dépointage, lequel est commandé, des organes moteurs, par un organe à friction dont il sera fait mention plus tard, s'arrête, et que si la commande n'est pas faite par organe à friction il peut y avoir rupture de pièces. Voici la cause la plus fréquente de cet accident :

Nous avons dit que la corde de torsion doit marcher dans le sens de la sortie du chariot, afin de favoriser cette sortie au lieu de la combattre. Lorsque le chariot arrive au bout de sa course, un nez *b* (fig. 68), attaché au châssis, vient soulever un levier *c d* pivotant sur un tourillon *c* attaché à un bâtis de la petite têtière, et vient se prendre dans une encoche pratiquée dans ce levier. Le chariot est alors attaché, il ne peut plus avancer ni reculer. Eh bien, malgré ce levier, qu'on appelle généralement *loquet* du chariot, et qui ne se relève qu'au début de la quatrième période, il arrive que sous l'action de la corde de torsion le chariot est comprimé vers la petite têtière, et cède un peu sous cette action par suite de l'élasticité de ses parties. Lorsque alors le dépointage s'opère, la corde de torsion prenant la direction inverse, le chariot cède en sens opposé. Il éprouve, par suite, un faible mouvement de recul, et il n'en faut pas davantage pour faire *prendre* ou amorcer le cliquet J du barillet. Cet accident est plus fréquent au commencement de la levée que pendant la formation des couches du corps : au commencement la chaîne du barillet est attachée près du centre du levier renvideur, et le moindre recul du chariot produit un déroulement de chaîne presque égal à la mesure de ce recul, tandis qu'à la fin du noyau la chaîne est attachée au bout du levier renvideur, et un recul du chariot produit un déroulement de chaîne beaucoup moindre que la mesure de ce recul. — On prévient cet effet en donnant un écart suffisant entre le bout du cliquet et les dents du rochet, de manière que la course que lui fait faire le recul n'est pas suffisante pour l'embrayage du rochet. — Cet accident peut provenir de trop de jeu du nez *b* (fig. 68) dans le loquet *c d*, et d'un mauvais réglage des mains-douces qui commandent le chariot. — Lorsque, par suite de certaines résistances éprouvées par le chariot dans son mouvement ou par suite de toute autre cause, le nez *b* n'est pas pris dans le loquet, l'accident en question se produit infailliblement au dépointage; il se produit moins souvent lorsque l'arbre des broches est commandé par arbre cannelé, ou lorsque la corde de torsion marche, pour la torsion, en sens inverse de la sortie du chariot.

Dans certaines machines on a embrayé et débrayé la virgule et le barillet de l'arbre des broches au moyen de manchons d'embrayage; on a, par ce moyen, évité certains défauts, mais on en a entraîné d'autres, et on a plutôt compliqué que simplifié la machine.

97. Nous avons dit (10 et 11) que pendant la première période le barillet enroule la chaîne (du renvideur) qu'il avait déroulée dans la précédente période, et cela par l'action d'un organe à friction. Voici cet organe :

Soient (fig. 73) C la coupe non détaillée du chariot, A l'arbre du barillet, B le barillet; ce barillet est muni d'une gorge *b* figurée en plan. Soit sur un tourillon D fixé à un bâti de la petite têtière, un contre-poids F muni d'un bras DE à angle droit, au bout duquel est attachée une corde qui va de là faire le tour de la gorge du barillet, et puis va s'attacher par son autre extrémité en un point G fixe de la grande têtière. Pendant la sortie du chariot, la friction exercée par cette corde sur le barillet tend à le faire tourner dans le sens de la flèche *a*, et, par conséquent, à faire enrouler au barillet la chaîne attachée au levier renvideur.

Pendant la rentrée du chariot, cette friction ne doit pas être assez forte pour commander la rotation du barillet et le renvidage, afin qu'elle ne contrarie pas l'action du levier renvideur, mais qu'au contraire elle participe à vaincre la résistance du renvidage. — Le contre-poids F peut être facilement remplacé par un ressort. — On a encore réalisé d'autres dispositions fort simples et tout aussi bonnes, mais nous croyons inutile de nous y arrêter.

98. On calcule les organes qui, depuis l'arbre des broches, commandent les broches de telle manière que le plus grand nombre de tours du dépointage ne demande guère plus d'un tour de cet arbre, et cela en vue de la virgule. Partant de ce rapport, on trouverait incommode de disposer le barillet sur l'arbre des broches, parce que son diamètre deviendrait trop petit et qu'il en résulterait des inconvénients que tous les mécaniciens comprennent parfaitement. Il est vrai qu'on pourrait mettre la virgule sur un arbre à part, mais pour tout ce qui concerne les dispositions proprement dites, le « *ce qu'on aurait pu faire* » et le « *ce qu'on n'a pu faire,* » le lecteur ne s'en rendra bien compte qu'en cherchant lui-même à combiner, disposer, calculer et dessiner un métier.

99. *Manière d'opérer la levée.* — Lorsque les bobines sont terminées, il faut les enlever des broches et ramener toutes les parties variables de la machine dans l'état où elles doivent se trouver pour la première couche de bobine. A cet effet on arrête la machine immédiatement après le début de la quatrième période ; puis, au moyen d'un crochet, on accroche la contre-baguette à une position très basse, de telle façon qu'elle soit en regard de l'origine de la bobine ; de cette manière toute action de la contre-baguette est annulée et la réserve n'étant plus tendue, le fil-fait est lâche. Les rattacheurs soulèvent alors toutes les bobines successivement en les courbant un peu afin qu'elles restent assises sur les aiguilles tout en étant soulevées. — Un rattacheur prend ensuite une manivelle qu'il adapte au rochet des platines et, après avoir soulevé le cliquet de ce rochet, il détourne de manière à ramener les platines à leur position voulue pour la première couche ; il en résulte que la baguette s'abaisse jusqu'à l'origine ; en même temps, on pousse le chariot un peu vers le porte-cylindres ; dès lors, si l'arbre des broches est commandé par une corde dans le sens de sa sortie, cette corde ne bougeant pas l'arbre des broches tourne un peu et commande une lente et courte rotation des broches (si par les dispositions adoptées dans le système du métier, cette rotation ne résulte pas du mouvement de rentrée du chariot ; il faut

l'occasionner manuellement d'une autre manière, soit en tirant la corde de torsion avec la main, soit en général en agissant sur l'organe qui commande l'arbre des broches). De ces mouvements simultanés, il résulte que du fil s'enroule (en deux tours environ) sur la bobine, depuis son sommet jusqu'à son origine, qu'ensuite ce fil s'enroule sur la broche elle-même au-dessous des tubes en papier. Cela fait, les rattacheurs enlèvent les bobines en cassant, pour chacune, le fil qui la relie au fil enroulé sur la broche. En même temps, le conducteur ramène le point d'attache de la chaîne du levier renvideur à son point d'origine, fait enrouler au barillet la chaîne en excès qui se produit ainsi, en soulevant son cliquet à pattes. Enfin, les rattacheurs enfilent sur les broches de nouveaux tubes en papier, le conducteur libère la contre-baguette et remet ensuite la machine en train. — Voilà le procédé général; on conçoit qu'il se modifie suivant les dispositions particulières des machines.

100. Par celá même que le métier automate est automate, sa longueur·et son nombre de broches ne se trouvent plus limités par le maximum d'effort et de travail qu'on peut demander au plus robuste ouvrier fileur. Au lieu donc (5) que les métiers automates aient, comme les mull-jenny, 200 à 400 broches, ce qui correspond à une longueur de chariot de 7 à 14 mètres, ils ont 400 à 1,200 broches (jusqu'à présent), ce qui correspond à une longueur de chariot de 14 à 42 mètres : il est bien entendu qu'il s'agit d'écartements de broches ordinaires, de $33^m/_m$ au minimum et $35^m/_m$ au maximum.

Les cordes-guides, dont le but est d'assurer le parallélisme du chariot, sont généralement appliquées au métier automate comme dans le mull-jenny; on établit un système de cordes-guides pour chaque aile du chariot.

Dans les grands métiers de 800 à 1,200 broches, principalement, les cordes-guides appliquées comme d'ordinaire deviennent trop longues, le jeu de leur élasticité donne alors une trop grande marge aux déviations de parallélisme du chariot.

On a pensé assurer ce parallélisme par des organes plus rigides, et dans ce but de nombreuses combinaisons ont été réalisées. Ainsi on a établi sous le chariot, et suivant toute sa longueur, un arbre muni, de distance en distance, de roues d'engrenage fixes sur cet arbre et engrenant avec des crémaillères solidaires des patins ou fixées sur le plancher. Cette disposition était coûteuse et *trop peu élastique*. (Nous parlerons plusieurs fois de la nécessité d'employer des organes élastiques tels que des cordes pour commander ou guider le chariot.)

On a ensuite établi le même arbre, mais avec *des tambours* fixés, de distance en distance, sur cet arbre : sur chacun de ces tambours s'attachaient, par une de leurs extrémités, deux cordes, dont la deuxième extrémité de l'une s'attachait à un support fixé au sol derrière le porte-cylindres, et dont la deuxième extrémité de l'autre s'attachait à un support semblable fixé au sol au delà de l'extrémité de la course du chariot; les deux-cordes faisant plusieurs tours sur le tambour, en sens inverse. Il arrive par ce dispositif que, pendant le mouvement de sortie du chariot, les cordes qui se trouvent du côté du porte-cylindres se déroulent du tambour et forcent leur arbre de tourner. En même temps, et par le fait de cette rotation, les cordes qui sont du côté opposé du chariot s'enroulent sur ces mêmes tambours. L'effet inverse se produit pendant la rentrée du chariot. — Cette disposition revient, comme on voit, en principe, aux cordes-guides; l'élasticité des cordes extrêmes persiste, mais la liaison de ces cordes se fait par un arbre dont la résistance à la torsion est suffisamment grande pour que sa torsion puisse être considérée comme nulle.

En général, la disposition de tambour à cordes que nous avons décrite peut s'employer quand une poulie et un autre organe sont solidaires d'un mouvement alternatif et limité, nous l'appelons habituellement tambour à *cordes fixes* ou commande à *cordes fixes*. Cette disposition est souvent appliquée pour divers organes des métiers automates.

On a établi aussi, derrière le porte-cylindres, sur les supports, un arbre portant des tambours à cordes fixes et destiné à guider le chariot. Pendant le mouvement de sortie du chariot, l'un des systèmes de cordes (attaché au chariot) se déroule des tambours, l'autre système de cordes, partant de ses points d'attache du chariot, passe sur des poulies de renvoi disposées au delà de l'extrémité de course, revient, par-dessous le chariot, se couder sur de nouvelles poulies folles et s'enrouler enfin sur lesdits tambours.

Cette disposition s'appelle *arbre de couche à cordes fixes*; elle est quelquefois combinée avec l'application maintenue de cordes-guides ordinaires au chariot, cordes-guides qui peuvent, si l'on veut, n'assujettir le chariot que sur une portion de sa longueur, sur sa moitié par exemple.

Employées seulement comme *guides*, toutes ces dispositions d'arbres à cordes fixes n'assurent pas encore complétement le parallélisme du chariot; en effet, la main-douce, en commandant le chariot en son milieu, le pousse en avant pendant la première période. Si les appareils, guides de son parallélisme, étaient parfaits, il arriverait, lors même que le chariot serait littéralement *articulé* en son châssis, que ce chariot n'en resterait pas moins en ligne droite et parallèle au porte-cylindres. Or il n'en saurait être ainsi, car pour qu'un déplacement en avant du châssis soit transmis aux deux extrémités du chariot, il faut que la corde du tambour du milieu de l'arbre de couche des tambours-guides, soit tendue assez pour provoquer la rotation de cet arbre ; cet arbre alors fait tourner les tambours des extrémités, qui provoquent par enroulement le mouvement de l'extrémité du chariot. Mais toutes ces cordes sont élastiques, et il n'est pas difficile de saisir que l'extrémité du chariot sera en retard sur le châssis, d'une quantité représentée par l'*allongement* de la corde qui *commande, par déroulement*, la rotation du tambour (et par suite celle de l'arbre), augmenté de l'allongement élastique de la corde du tambour extrême qui commande *par enroulement* l'extrémité du chariot.

Pareilles observations se font sur les cordes-guides ordinaires.

Ainsi donc, avec ces dispositions, il arrive nécessairement que le chariot tend à faire, au milieu de sa longueur, ce qu'on appelle un *ventre*. Pareil effet se produira en sens inverse pendant la rentrée du chariot, si cette rentrée est commandée sur un point de châssis, comme nous avons supposé commandée la sortie.

Pour éviter cet effet, on a imaginé de commander la sortie du chariot en plusieurs points à la fois, et ce qui s'est trouvé de plus simple a été de *commander la rotation de l'arbre de couche déjà exposé, par le moteur directement,* sauf à le rendre fou pendant les trois dernières périodes de l'aiguillée. Par cette combinaison, l'arbre de couche étant assez fort pour ne pas se tordre de quantités sensibles, et toutes les cordes de tambour *commandant*, chacune de ces cordes s'allongeant sous la tension de quantités sensiblement égales, le parallélisme du chariot, pendant la première période, est assuré du moment où le réglage des tensions de cordes a été bien fait.

On peut aussi trouver des dispositions pour commander le chariot par cet arbre de couche, pendant la quatrième période ; nous en verrons plus tard les inconvénients, mais si, comme cela se fait généralement, il continue à n'être commandé qu'en un point du châssis, l'effet qu'on a détruit par la disposition précédente n'est pas détruit pendant la rentrée du chariot.

Dans quelques systèmes de métiers, il arrive que le mécanisme distributeur, qui fait passer les mécanismes moteurs de la première à la deuxième période, est susceptible de manquer quelquefois son effet ; il en résulte un *conflit* de mouvement : le chariot tendant à sortir quand il est déjà arrêté au bout de sa course, les cordes de main-douce se cassent, à moins que quelque autre organe plus important ne vienne à se rompre. La faillibilité de ce mécanisme a fait imaginer de commander l'arbre de couche, pendant la sortie du chariot, par l'intermédiaire d'un organe à friction : il en résulte que lorsque le mécanisme distributeur manque son effet, la friction cède et que le conducteur de la machine a le temps d'arrêter le métier. Dans certains métiers, au lieu d'employer cet organe à friction, on a remplacé les tambours à cordes fixes par de simples poulies ou tambours sur chacun desquels une seule corde fait un ou deux tours et acquiert, par son adhérence, la force de commander le chariot; cette disposition nécessite l'établissement simultané d'un système guide du chariot, tel que le système des cordes-guides.

101. Dans un système de métier tout récent, dans lequel le mécanisme distributeur est assez parfait pour ne présenter aucune chance·d'accident, et dans lequel, par conséquent, l'arbre de couche porte des tambours à cordes fixes, et n'est pas commandé par friction, on a·relié le secteur, qui porte le levier renvideur, avec l'arbre de couche par un arbre intermédiaire.

Soient (fig. 74) dans la vue en plan de quelques organes de la têtière, X l'axe de la têtière ou sa ligne moyenne, P la ligne du porte-cylindres, A l'arbre de couche, J K le châssis, H le barillet, G le levier renvideur, F son secteur denté, E un arbre horizontal monté sur la petite têtière et commandant le secteur par un pignon, C l'arbre intermédiaire reliant l'arbre A à l'arbre E par les paires de roues d'angle B et D, I le point d'attache de l'organe qui commande la rentrée du chariot. — Pendant la première période, le chariot s'écarte du porte-cylindres, le levier renvideur se relève, le barillet commandé par friction enroule sa chaîne. — Pendant la quatrième période, le chariot est sollicité en I dans la direction de la flèche *a*. La corde du tambour du milieu de l'arbre de couche commandé la rotation de cet arbre, attachée qu'elle est au chariot, et le secteur, relié à l'arbre de couche A, commande la rotation du barillet. Mais la force que nécessite la rotation de renvidage des broches d'un grand métier est considérable, et le barillet, en déroulant sa chaine, sollicite puissamment le levier renvideur dans son mouvement; *il en résulte :* Qu'une grande partie de l'effort que demande la rotation des broches est transmise par les organes rigides G, F, D, C, B à l'arbre de couche A, et *tend* à le faire tourner dans le sens qui commande la rentrée du chariot; que, par suite, la corde fixe du tambour du milieu ne commandant plus seule l'arbre A, et, par conséquent, ne s'allongeant plus autant sous l'effort, le chariot tend moins à former un ventre en son châssis, et que l'on s'est beaucoup rapproché du cas où, pour commander la rentrée du chariot, on aurait commandé directement l'arbre de couche A.

Cette disposition présente en même temps, pour le levier renvideur, une commande presque entièrement rigide.

102. En général, le chariot commande le levier renvideur. Cette commande est directe ou indirecte. Dans le cas précédent, elle est indirecte. Quand elle est directe, l'arbre E qui commande le levier renvideur porte solidairement un tambour à une corde fixe, corde qui se renvoie sur une poulie folle à la grande têtière et revient s'attacher ensuite au châssis. Il n'y a qu'une corde fixe, parce que le levier renvideur sollicite toujours le tambour dans le même sens : pendant la première période, il faut relever ce levier, ce qui s'opère par le déroulement de la corde du tambour ; pendant la quatrième période, il faut le retenir, ce qui s'opère par l'enroulement de la corde. Le déroulement de cette corde est commandé par le chariot à cause du mouvement de sortie ; l'enroulement, le chariot le commande *en retenant* la corde dont le levier renvideur sollicite l'enroulement sur le tambour. Malgré cela, on ajoute habituellement la seconde corde fixe, pour mieux assujettir le tambour et pour permettre au levier renvideur de dépasser la verticale en se relevant. On reconnaît aisément que, dans le cas où il passe derrière cette verticale, le poids du levier sollicite un instant le tambour en sens contraire. On applique *nécessairement* la seconde corde fixe quand on veut que le tambour en question commande non-seulement le levier renvideur, mais encore la sortie du chariot, comme dans la figure 5.

103. Avant de réaliser la disposition de la figure 74, on avait relié le tambour du levier renvideur, le chariot et l'arbre de couche dans la têtière, par trois cordes fixes, ainsi qu'il suit :

Soient (fig. 75), A un tambour à deux cordes fixes et solidaire de l'arbre de couche à cordes fixes ; C un tambour à deux cordes fixes sur l'arbre de commande du levier renvideur ; B la section du chariot. La corde supérieure, constitue la première corde fixe *des deux tambours*. La deuxième corde fixe g du tambour A, s'attache au point a du chariot ; la troisième corde fixe h du tambour C, s'attache au point b du chariot. Considérons toutes les cordes de l'arbre de couche parfaitement réglées ainsi que celles de la figure. — *Pendant la première période,* l'arbre de couche tournant dans le sens de la flèche c, et faisant tourner le tambour C dans le sens de la flèche d, fait marcher le chariot dans le sens de la flèche e. Dans ce mouvement, la corde h, tendue par la résistance du chariot, subit un certain allongement ; la corde f, tendue par la résistance du chariot, *plus* la résistance du levier renvideur, subit un allongement un peu plus intense ; la corde g, par le fait même des allongements des cordes f, h, est lâche. — *Pendant la quatrième période*, le chariot, sollicité dans la direction de la flèche i, semblerait commander l'arbre de couche par la traction des cordes h, f ; mais, par suite de la tendance descendante du levier renvideur, il arrive que c'est la corde f

seule qui est tendue, et que dès lors l'arbre de couche est sollicité à commander
là rentrée du chariot comme il l'est dans le dispositif de la figure 74, la corde h
est alors lâche. Mais, par ce dispositif, il arrive que la corde f, continuellement
tendue, et tendue plus que toutes les autres cordes, s'allonge aussi davantage,
se détériore rapidement, et soutient à elle seule la charge du renvidage de toutes
les broches, ce qui donne lieu à des variations continuelles dans la loi du mouvement angulaire du secteur pendant toute la levée et même d'une levée à
l'autre et modifie constamment les bobines. Par le dispositif de la figure 74, on
a évité tous ces inconvénients, en faisant supporter, par toutes les cordes fixes à
la fois, la charge du levier renvideur. Mais, encore une fois, si le mécanisme
distributeur peut être susceptible de manquer son effet, les dispositions de commande du chariot à cordes fixes et celles de liaison du levier renvideur à ce système de cordes fixes sont inapplicables sans dangers fréquents de ruptures; et,
dans ce cas, on ne fait pas mal de rendre le secteur indépendant de la commande
du chariot, en adoptant le dispositif exposé au numéro 102. On peut même, dans
ce dispositif, remplacer la corde par une chaîne très souple à la Vaucanson et à
articulations rapprochées.

Dans les tambours à cordes fixes, on trouve convenable, pour éviter le frottement de la corde contre elle-même, de tracer, sur les tambours, des gorges en
hélice suivant lesquelles la corde s'enroule ; on appelle alors les tambours du nom
d'escargots. — On a trouvé avantageux, dans ce cas, de construire des hélices
ou escargots tels que le mouvement de sortie du chariot soit uniforme jusqu'à
quelques centimètres du bout de sa course et que là ce mouvement se ralentisse ;
on arrive à ce résultat en diminuant brusquement le rayon correspondant de
l'hélice ou escargot. Le réglage de la machine est un peu plus délicat avec cette
disposition, qui d'ailleurs n'a d'autre but que d'empêcher le faible choc éprouvé
par le chariot lorsqu'il arrive au bout de sa course.

Les cordes-guides, ainsi que les mains-douces et les arbres de couche, doivent être parfaitement bien réglés, sinon ils contribuent à la détérioration du
chariot et au déréglement des autres parties du mouvement.

D'autres dispositions que celles que nous mentionnons ont encore été imaginées et réalisées ; nous n'en parlerons pas dans cet ouvrage.

104. Considérons un arbre A (fig. 76) sur lequel est fixé l'organe appelé
scrole ou *volute* (10, 11) et sur le contour duquel organe est pratiquée une gorge qui
fait quatre tours suivant une espèce d'hélice excentrique dont on remarque, en B,
la projection sur un plan perpendiculaire à l'axe A. Cette projection forme une
courbe faisant quatre tours qu'on peut suivre d'après les lettres $a\,a'\,b\,b'\,c\,c'\,d\,a'\,a$.

Pendant 1 tour et 1/3 de tour environ, en partant suivant $aa'b...$ la courbe est une spirale d'Archimède; pendant 1 tour et 1/3 qui suit, la courbe est un arc de cercle dont l'axe de l'arbre A est le centre; et pendant 1 dernier tour, plus 1/3 environ, la courbe est une spirale d'Archimède égale et symétrique à la première. La section C représente la gorge excentrique dans ses diverses sections par un plan passant par l'axe, en les points successifs e, f, g, h, i, j, k, l. Considérons, sur cet organe, deux cordes, l'une attachée en e et faisant les quatre tours du scrole, l'autre simplement attachée en l. Considérons le scrole tournant sur lui-même de manière à dérouler la corde que nous venons de concevoir enroulée; il adviendra, de ce mouvement, que la corde qui était attachée en l s'enroulera et que le lieu d'enroulement de celle-ci se trouvera constamment au même point que le lieu de déroulement de l'autre, qu'en conséquence la gorge devra être assez large pour que les deux cordes puissent trouver à passer l'une à côté de l'autre sans se contrarier. Imaginons maintenant que cet organe se trouve disposé vers le milieu de la longueur de la têtière, en un point A (fig. 77), au-dessus du chariot B, par exemple, de manière que son axe soit parallèle au porte-cylindres; imaginons, disposées à la petite et à la grande têtière, des poulies folles de renvoi C et D, et concevons les deux cordes considérées plus haut sur le scrole, partant de cet organe, l'une pour passer d'abord sur la poulie folle D et revenir s'attacher au chariot en un point E, l'autre pour passer d'abord sur la poulie folle C et revenir s'attacher au chariot en un point F. Les lieux d'enroulement et de déroulement simultanés des deux cordes se trouvant toujours au même point de la gorge du scrole, il arrivera, par la rotation de ce scrole, que les vitesses simultanées d'enroulement et de déroulement des deux cordes seront égales entre elles et que, par suite, les deux points E, F, pourront toujours avoir des vitesses égales et de même sens et décrire des chemins égaux. Il résulte de là 1° que la commande du chariot se fera rigoureusement; 2° que la vitesse du chariot, d'après le tracé du scrole, croîtra pendant le premier tiers de sa course, sera constante pendant le second tiers et décroîtra pendant le dernier tiers. C'est le moyen d'arriver à la plus grande rapidité de la rentrée du chariot, sans résultats nuisibles. Il va sans dire que le développement de la gorge du scrole doit être au moins égal à l'aiguillée.

Dans la généralité des métiers automates, le chariot, pendant la quatrième période, est ainsi commandé par un scrole. Pendant la première période, ce scrole est fou, et tourne, par l'action de ses cordes, dans le sens inverse à celui dans lequel il commande la rentrée; ses points d'attache des cordes se meuvent évidemment avec le chariot.

On appelle, comme on sait, *corde de scrole*, la corde qui s'enroule sur le scrole pendant la rentrée du chariot et qui, par conséquent, commande cette rentrée; et on appelle *contre-corde* de scrole, la corde qui simultanément se déroule du scrole. Le rôle de cette contre-corde consiste d'abord à soumettre entièrement le scrole au chariot pendant la première période, ensuite et surtout à *retenir* le chariot pendant le dernier tiers de sa rentrée, où sa vitesse doit se ralentir. Pour que cette dernière action soit efficace, il faut que le scrole ne soit commandé, depuis la courroie motrice de la machine, que par des organes rigides : la vitesse de rotation de la poulie motrice étant considérable (300 tours au moins), le rapport des vitesses et par conséquent des bras de levier est grand entre la courroie motrice et la corde de scrole, et l'on peut être convaincu que l'action du chariot sur le scrole ne saurait entraîner sensiblement la courroie motrice. — Mais si les organes intermédiaires entre le scrole et la poulie motrice sont eux-mêmes des organes à friction, comme une courroie, on a à craindre, pour des métiers pesants surtout (des métiers de plus de 400 broches), que le scrole et par conséquent la friction ne soient entraînés, et qu'alors le chariot, après avoir eu de la peine à se mettre en mouvement, vienne butter avec force contre les tampons de ses sentinelles, ce qui cause des soubresauts très nuisibles au fil et à la stabilité de la machine. Le seul côté avantageux que l'on peut rechercher dans ces organes à friction pour la rentrée du chariot, est celui de moindre chance de rupture en cas d'un accident mettant obstacle à la rentrée du chariot et contrariant l'action du scrole; mais cet avantage est largement compensé par les défauts qu'il amène avec lui. En général, *la rentrée du chariot doit s'opérer par une transmission rigide, agissant sur le chariot par l'intermédiaire d'un organe incapable de friction retardatrice, mais élastique entre certaines limites rapprochées; assez puissant pour commander, mais plus faible cependant que tous les organes qu'il relie, afin de se rompre seul sous un effort extraordinaire provenant d'un obstacle à la rentrée du chariot.* — L'emploi de cordes sur un scrole pour commander la rentrée du chariot, remplit assez bien les conditions de cet organe intermédiaire.

Pour que les lieux simultanés d'enroulement et de déroulement des corde et contre-corde de scroles soient réunis au même point de la gorge de scrole, il faut que les parties non enroulées des deux cordes partent du scrole, vers les poulies de renvoi, dans des directions opposées. Il n'en serait pas ainsi dans le cas où le scrole, au lieu d'être disposé vers le milieu de la têtière, se trouverait établi à la grande têtière, en un point A (fig. 78), de manière que la corde de scrole aille directement du scrole au chariot, et que la contre-corde aille d'abord passer sur une poulie de renvoi B, située à la petite têtière, et revienne ensuite s'attacher au chariot. Avec une pareille disposition, les lieux simultanés d'enroulement et de déroulement des deux cordes de scrole se trouvent situés sur les côtés opposés du scrole, l'un au-dessus et l'autre au-dessous. Dès lors, on comprend qu'il faut disposer le scrole de manière que chaque corde ait sa gorge. Les deux courbes de gorge seront encore identiques, mais l'une sera tournée d'un demi-tour sur l'axe, par rapport à l'autre. Dans ce cas, il arrive que le scrole n'a plus cette forme d'escargot ou de *volute*, et l'on trouve ordinairement plus commode, sous le rapport de la construction, de disposer deux scroles sur l'arbre; le scrole qui sert alors à la contre-corde prend le nom de *contre-scrole,* ainsi que nous l'avons dit aux numéros 10 et 11.

Une question délicate est renfermée dans le réglage des scroles : la corde de scrole, au commencement de la rentrée du chariot, s'allonge par l'effet de son élasticité et de la résistance qu'elle éprouve de la part du chariot, et s'enroule avec cet allongement. Dès lors, la contre-corde va se trouver *moins tendue*, et si, dans le dernier tour de la rentrée du chariot, elle devient tendue, il faut que la corde de scrole devienne *peu tendue,* et quelle que soit la tension qui sera donnée aux deux cordes, ce résultat ne changera pas. Avec *trop de tension* dans les deux cordes, il sera peu sensible, il le sera beaucoup *si les cordes sont lâches;* dans le premier cas, les cordes se détérioreront rapidement.

Si l'on donne un petit excès de corde, il arrivera d'abord que les cordes auront plus de durée, ce qui est un grand avantage, car les cordes de scroles coûtent cher, et l'effet que nous venons de décrire sous le rapport de leurs variations de tension se produira très sensiblement; est-ce un désavantage? Non, si le moteur de la machine a une vitesse régulière ; oui, si cette vitesse est irrégulière, parce qu'alors, quand le moteur va lentement, l'impulsion du chariot, non-seulement n'est pas suffisante pour qu'il soit obligé d'être retenu par la contre-corde, mais le scrole qui commande la rentrée est obligé, pour amener le chariot à sa position de fin de quatrième période, d'enrouler tout l'excès de corde, de le tendre même, sur une prolongation de gorge ménagée à cet effet sur le scrole, ce qui peut faire faire un tour de plus à ce dernier organe. Enfin, quand le moteur va trop vite, la contre-corde se tendant et s'allongeant, ne consomme pas toute la puissance vive du chariot avant que celui-ci n'atteigne les tampons de ses sentinelles, et par conséquent il y a un choc considérable dans le chariot au passage de la quatrième à la première période.

Lorsqu'il y a deux scroles au lieu d'un, on a beaucoup à craindre les irrégularités des deux; il faut donner aussi toute son attention au bon réglage de l'un par rapport à l'autre, car la non-concordance des deux scroles amène des moments où il y a des excès de corde trop considérables et d'autres où il y a des tensions de corde *énormes* (10 et 20 fois plus grandes que celle que demande la commande du chariot) qui détériorent très vite ces cordes et peuvent quelquefois les rompre dès la première aiguillée. Ce résultat peut se démontrer avec les notions les plus élémentaires de mécanique. — On établit quelquefois, à côté du scrole, un *scrole de sûreté*, qui porte, lui aussi, une corde commandant la rentrée du chariot.

Par ce moyen, lorsqu'une des cordes de scrole casse, le métier n'est pas obligé de s'arrêter et on ne la remplace que pendant les heures où la machine est en repos. C'est la disposition des derniers métiers Parr-Curtis.

Nous avons déjà dit qu'il a été imaginé (100), pour mieux commander la rentrée du chariot, en assurant le parallélisme de ce dernier, de commander l'arbre de couche porteur des tambours à cordes fixes; il suffit pour cela de disposer sur cet arbre, des tambours sur lesquels la corde et la contre-corde viennent s'enrouler ou se dérouler. Ici on pourrait remplacer les cordes de scroles par des chaînes, attendu que déjà le chariot est relié à l'arbre de couche par des cordes, mais la grande pression exercée sur les coussinets de l'arbre de couche par cette commande rapide donne lieu à des résistances considérables.

On a essayé aussi de commander cet arbre de couche par des scroles à engrenages, mais on n'a pas pu constater d'avantage à cette disposition. Enfin, il a été imaginé et réalisé un très grand nombre d'autres dispositions pour commander la rentrée du chariot.

105. Le chariot du métier automate doit être léger, afin de présenter peu d'inertie; c'est pourquoi on le construit en bois. Par suite de sa grande longueur, sa rigidité doit être soigneusement recherchée au moyen de tringles ou *tirants* en fer et de croix de Saint-André se suivant d'un bout à l'autre entre ses deux longerons. Quoi qu'on fasse, cependant, le chariot conserve une certaine élasticité, et pour que cette élasticité ne lui soit pas nuisible, en amenant ce qu'on appelle le fouettement des ailes, il faut que les organes qui le guident ou le commandent soient eux-mêmes élastiques, c'est pourquoi on emploie des cordes ou des courroies pour commander le chariot.

106. Les points d'attache de chaque corde commandant le chariot ou le guidant sont des *tendeurs :* un tendeur est un canon cylindrique muni d'un bouton auquel on attache la corde, et muni d'un rochet sur les dents duquel butte un cliquet. Lorsqu'on veut tendre la corde, on tourne le canon, et le cliquet l'empêche de revenir en arrière; lorsqu'on veut détendre, on fait l'inverse en soulevant le cliquet pendant l'opération.

Les variations atmosphériques ont une sensible influence sur les cordes, surtout sur les cordes neuves qui ont en outre la mauvaise propriété de s'allonger en dehors de leur élasticité ; aussi le conducteur du métier doit-il prêter beaucoup d'attention à leur réglage.

107. Parmi les patins du chariot, il en est qui sont à nervure et sur lesquels les roues de chariot sont à gorge ; le but de cette disposition est de maintenir le chariot sur ses patins, c'est pourquoi il suffit d'un seul patin à nervure pour toute une grande machine ; ce patin se dispose au milieu de la longueur du chariot. Quand il y a plusieurs patins de ce genre ils sont inutiles et leur effet, *si la nervure n'a pas un grand jeu dans la gorge de la roue de chariot*, est nuisible au métier, parce que les mouvements de fouet ou seulement les mouvements vibratoires du chariot qui provoquent quelquefois de véritables ondulations lui font ce qu'on appelle pratiquement, *forcer le chariot* dans ses patins. Le bord gauche de la roue à gorge du milieu peut serrer de gauche à droite la nervure de son patin, et le bord droit de la roue à gorge de l'extrémité de l'aile droite peut serrer de droite à gauche la nervure de son patin, quand l'extrémité de l'aile droite est en retard sur le châssis. Dès lors un grand frottement et par suite une grande résistance agit sur le chariot et tend à le faire fléchir et à le détériorer en augmentant encore ce retard. — On peut comparer cet effet à celui d'un tiroir de meuble qui, tiré de travers, se serre dans ses coulisses.

108. Pour conserver tout son parallélisme au chariot, il faut que les sentinelles, contre les tampons desquelles il doit venir faiblement butter (11), soient parfaitement réglées, et que, lorsqu'à la fin de la première période le chariot arrive au bout de sa course, il soit arrêté par une série d'organes disposés sur différents points de sa longueur, également bien réglés. Ces derniers organes sont quelquefois des sentinelles, mais souvent aussi des crans ou encoches A (fig. 79), ménagés à la partie supérieure de plans inclinés fixés au plancher en des points situés à l'extrémité de course. La figure représente l'appareil correspondant à un de ces plans inclinés : une tringle verticale B, prise entre des coulisses fixées au chariot, est attachée par une chaînette C à un levier D fixé à la baguette. Lorsque le chariot arrive au bout de sa course, la pièce B, qui se nomme ici un *verrou*, s'élève suivant le plan incliné, tombe enfin dans le cran ou encoche A, et s'y trouvant emprisonnée, arrête et retient le chariot dans les deux sens. Lorsque le dépointage commence, la baguette s'abaissant, tend la chaînette, donne lieu à l'élévation du verrou, et le chariot est libéré. Si avec ce dispositif, qui empêche toute vibration nuisible du chariot, un accident empêchait la tringle de se relever avant la rentrée du chariot, il y aurait conflit de

mouvement, et probablement une rupture. Cet appareil rentre dans le genre de celui du numéro 92 (fig. 68), mais son application n'est pas aussi indispensable.

109. Lorsque les organes, qui depuis l'arbre des broches transmettent le mouvement aux broches, sont *trop faibles pour les masses qu'ils mettent en mouvement*, il arrive, lorsque la torsion s'arrête brusquement, que ces organes se tordent sous l'effort de la puissance vive, et, par conséquent, que les broches du milieu de la machine sont arrêtées un peu avant celles des extrémités. Mais immédiatement après cet arrêt, ces organes reviennent à leur état normal et, par ce mouvement de détour, produisent sur les broches éloignées du châssis *un commencement de dépointage*. Ce commencement s'ajoute à la somme totale des détours de dépointage. Le même effet se renouvelle avec moins d'intensité à la fin du dépointage; et il en résulte des irrégularités de dépointage d'un bout à l'autre de la machine, et par conséquent des inégalités dans les têtes des diverses bobines en formation. D'autres ondulations de torsion se produisent alors aussi pendant la rentrée du chariot à cause des variations de vitesse des rotations de renvidage des broches, et elles amènent aussi des dissemblances entre les diverses bobines en formation.

En général, les dissemblances entre les bobines en formation sont nuisibles pour le fil à cause des différences d'absorption et de réserve qu'elles causent; différences qui amènent de très nombreuses ruptures de fil, attendu l'irrégularité qui en résulte dans la tension de la contre-baguette sur un même fil.

Les dissemblances entre les bobines peuvent provenir encore : 1° *Des mouvements de fouet dans le chariot*, lesquels varient irrégulièrement les réserves et tensions des différents fils-faits, et varient, par la flexion des arbres, les résistances des coussinets, et, par suite, les torsions de ces arbres; 2° du mauvais réglage des baguettes, qui peuvent n'être pas parfaitement parallèles au chariot, avoir, par suite, des mouvements de guide-fil non identiques, et qui peuvent n'avoir pas leurs ressorts et charges bien répartis; 3° de l'irrégularité continuelle des vitesses du moteur de la machine. — Toutes ces causes peuvent agir simultanément et s'ajouter l'une à l'autre; toutes amènent des ondulations de torsion.

D'après tout cela, on comprend : 1° Qu'il est important que le chariot soit bien réglé et souvent vérifié, surtout s'il est sur un plancher flexible; 2° que les organes opérateurs ayant des mouvements oscillatoires alternatifs et variables, et devant agir sur toute la longueur du chariot, doivent être parfaitement réglés et assez puissants pour ne point se tordre; 3° que les organes essentiels doivent être réunis entre les mêmes bâtis, afin de ne pas subir les variations que peut subir le chariot. — C'est pourquoi il est bon que le châssis soit lui-même monté sur patins et que ces patins soient reliés à la carcasse de la têtière, ainsi que la règle.

110. Nos lecteurs savent parfaitement comment sont disposées les commandes de broches, dites par tambours verticaux ou par tambours horizontaux : les tambours verticaux sont commandés par engrenages, au moyen d'un arbre longitudinal disposé au-dessus ou au-dessous des tambours ; cet arbre est le prolongement de ce que nous avons nommé l'arbre des broches ; quand il n'en est pas le prolongement, il en est directement dépendant par engrenages. Autrefois les tambours verticaux étaient commandés par cordes, mais de grands désavantages sont inhérents à cette disposition : la dissemblance des mouvements de rotation pendant le renvidage et le dépointage, l'absorption d'une trop grande force motrice, etc. — Les tambours horizontaux paraissent coûter moins cher de construction que les tambours verticaux, ils demandent moins de force motrice, peuvent être construits légèrement et font en tout cas peu de bruit. Aussi est-on porté à les adopter.

Primitivement, les tambours horizontaux étaient constitués par des cylindres en tôle rivés sur des disques fixés sur un arbre longitudinal que nous supposerons être le prolongement de l'arbre des broches. Par l'usure d'un coussinet, usure qui peut être accélérée par des variations dans le niveau de la machine ou des oscillations dans le chariot, variations et oscillations donnant lieu à une flexion de l'arbre des broches, l'arbre finit par jouer, rester fléchi en certains points ; il cesse d'avoir son centre sur le centre de rotation voulu du tambour (c'est ce qu'on appelle ne *plus tourner rond,* en pratique). — Il est sans doute déjà arrivé au lecteur d'agiter un long ruban on un long fil de fer par son extrémité, suivant un mouvement alternatif rapide et dirigé dans le sens perpendiculaire à la direction de ce ruban ou de ce fil ; le lecteur aura remarqué que ces vibrations se transmettent chacune jusqu'à l'extrémité du ruban ou fil avec une certaine vitesse et que le ruban *ondule.* Eh bien, le même effet se produit sur le tambour horizontal précipité, en sorte que l'usure d'un coussinet peut causer rapidement l'usure de tous les autres ; quand le tambour tourne *faux rond,* les forces centrifuges de ses différentes parties ne s'équilibrant plus, il se produit de violentes vibrations, lesquelles se font en sens contraires d'un intervalle de coussinet à l'autre, par suite de la nature même des ondulations ; l'élasticité du chariot réagit sur cette action des tambours, et il en résulte des vibrations ondulées dans le chariot lui-même et une prompte destruction des tambours.

Le même effet ne saurait se produire avec des tambours verticaux : 1° Parce qu'ils sont indépendants l'un de l'autre, quant à leur matière, et que par conséquent les vibrations de l'un ne sauraient se transmettre à l'autre ; 2° parce que ces tambours sont très faciles à régler isolément ; 3° parce que les vibrations de l'arbre n'ont pas d'influence sur celles des tambours. — Ces vibrations de l'arbre proviennent souvent de sa faiblesse et elles donnent lieu à un bruit très désagréable dans les engrenages de commande des tambours.

Pour rendre possible l'application des tambours horizontaux, il faut les construire de façon que les vibrations d'un de leurs points ne puissent plus se transmettre par ondulations jusqu'à leurs extrémités. A cet effet, on a coupé l'arbre dans chaque tambour de manière qu'à chaque support il n'y ait (fig. 80) qu'un tourillon A, portant sur chacune de ses extrémités un disque D ; sur les disques placés ainsi en regard l'un de l'autre, on a établi des cylindres C en fer-blanc qui constituent les tambours et qui sont soudés ou rivés sur ces disques.

Pour fixer les disques sur le tourillon A, on a voulu éviter d'employer une clavette ou une vis de pression, parce qu'il résulte toujours de l'emploi de ces organes une déviation du disque : à cet effet, on a pratiqué dans le canon F de ce disque un trait de scie, on a disposé ensuite sur ce canon une bague E munie d'une vis de pression au moyen de laquelle on comprime contre-le tourillon A les deux mâchoires formées au canon par le trait de scie, mettant ainsi à profit l'élasticité du métal. — Pour permettre de serrer les vis de pression, on ménage dans les tambours des trous tels que G, H. — Enfin, pour équilibrer les forces centrifuges, les têtes de vis et les trous G, pour les deux disques d'un même tourillon A, sont disposés en sens exactement opposés.

Pour avoir des tambours parfaitement durables, il faut que ces tambours soient eux-mêmes parfaitement équilibrés, ce qui veut toujours dire que les forces centrifuges de toutes leurs parties doivent se compenser. — Pour construire un tambour, on prend ordinairement une feuille de tôle qu'on courbe en cylindre et dont on rattache ou soude les extrémités. Que l'on rattache ou que l'on soude, les portions ou extrémités rejointes représentent un poids plus grand que toutes les autres portions du tambour, et l'équilibrage est fort difficile à pratiquer par un contre-poids. Entre autre dispositions imaginées pour arriver à obtenir des tambours le plus parfaitement équilibrés, on a expérimenté la suivante avec succès (fig. 81). On compose le tambour A F d'une série de tambours partiels A B, B C, C D, D E, E F...., dont on voit en H une partie en section. Chacun de ces tambours se soude intérieurement sur le rebord circulaire d'un disque d'appui I en fer blanc, et est composé d'une même feuille de tôle ayant sa propre

jointure ou soudure suivant une génératrice du cylindre qu'elle forme. L'extrémité gauche, par exemple, de chaque tambour partiel est élargie et l'autre extrémité *rétrécie*, ce qui permet de les souder l'une à l'autre en les emboîtant. Chaque
disque d'appui est muni d'un trou en son centre, en sorte que quand on fait cette
opération de soudure, on enfile successivement tous ces tambours partiels par
les trous de leurs disques, sur une même tringle parfaitement rigide et verticale
qu'on retire après l'opération. — On a soin de disposer les tambours partiels
successifs, de telle manière que leurs soudures ou jointures longitudinales soient
alternativement sur les génératrices opposées *b*, *a*. Les cercles B, C, D, E.....
représentent les soudures circulaires, les lignes 1, 2, 3, 4, 5..... peuvent représenter les soudures ou jointures longitudinales. Par cette disposition, les
soudures ou jointures longitudinales s'équilibrent chacune par la suivante; quant
aux soudures circulaires, elles sont, par le fait même de leur état circulaire, en
équilibre évident.

D'autres dispositions ont encore été adoptées pour la construction des tambours
horizontaux, elles découlent des mêmes principes.

Toutes les précautions dont nous venons de parler pour ces tambours sont
nécessaires, parce que ces tambours tournent avec une grande vitesse, et parce
que, une fois faussés, les défauts causent sur eux-mêmes des efforts qui les ac-
croissent, et ces funestes efforts sont d'autant plus grands que la vitesse des tambours est plus grande et que le mal est plus avancé.

Des tambours horizontaux, construits comme ceux dont nous avons parlé,
sont légers, et par ce fait conviennent particulièrement aux grands métiers :
ils demandent peu de force motrice pour être mis en train ou arrêtés; ils rendent
le chariot moins lourd, et permettent des mouvements plus prompts.

111. Le rapport entre la vitesse de rotation des broches et la vitesse de rotation des tambours est égal au rapport entre le diamètre des tambours et le diamètre des noix. — Il est bon que le tambour tourne le moins vite possible,
1° pour que sa résistance au détour du dépointage soit la moindre; 2° pour diminuer les chances de vibration; 3° pour avoir moins de bruit d'engrenages si
les tambours sont verticaux. — Pour cela, il faut chercher à rendre le plus petit
possible le diamètre de la noix et le plus grand possible le diamètre du tambour.
Tout cela est facile à réaliser avec les tambours verticaux, mais plus difficile avec
les tambours horizontaux, non pour la noix, mais pour les tambours : on sait
qu'avec les tambours horizontaux les ficelles de commande des noix passent
obliquement sur celles-ci et qu'il est une limite supérieure d'obliquité qu'il serait
mauvais de dépasser; un diamètre considérable donné au tambour horizontal

obligerait donc à placer l'axe de ce tambour à une grande distance des broches, ce qui serait fort incommode pour les dispositions de la machine et occasionnerait des dimensions de chariot extraordinaires. Les proportions adoptées pour les métiers ordinaires, faisant des numéros 20 à 40 sont, pour les noix, 19 à 23 $^m/_m$ de diamètre; pour les tambours verticaux, 260 à 300 $^m/_m$; pour les tambours horizontaux, 140 à 220 $^m/_m$. Il est plus facile d'arriver à de grandes vitesses de broches avec des tambours verticaux, parce qu'on peut donner à ces derniers un grand diamètre et une grande vitesse. Il serait mauvais, pour la stabilité des tambours, de pousser leur vitesse à plus de 650 tours par minute. Il faut avoir soin d'avoir les cordes à broche également tendues, pour avoir des bobines uniformes (109).

112. Au passage de la quatrième à la première période, il faut que les scroles et la main-douce soient parfaitement réglés, afin que ce dernier organe ne fonctionne pas avant que le premier soit entièrement débrayé, comme cela peut arriver dans certains systèmes de métiers automates. — Pour commander la sortie du chariot, il faut que les cordes de main-douce se tendent, tandis que les cylindres étireurs fonctionnent immédiatement, attendu leur rigidité; il en résulte que du fil est débité par les cylindres avant que le chariot soit en mouvement et qu'il se forme des vrilles. — Si la droite que suivent les étoiles en s'écartant, avec le chariot, du porte-cylindres, passait par le point de débit des cylindres, chaque centimètre de course du chariot demanderait un centimètre de débit du fil, mais il n'en est pas ainsi, et par une épure des plus simples, le lecteur peut s'apercevoir que, mathématiquement, la vitesse de sortie du chariot étant constante, celle des cylindres doit être croissante. Si, dans la réalité, la constance de la vitesse des cylindres n'a aucune influence sensible pendant la plus grande partie de la première période, elle en a cependant une très sensible au début de la sortie du chariot. A ce moment 1 centimètre de sortie du chariot ne devrait correspondre qu'à trois ou quatre millimètres de fil débité. Cette circonstance, jointe à celle signalée précédemment et aux défauts possibles de la relevée de baguette, donne une très grande facilité à la formation des vrilles. — Pour parer à ces divers défauts, on a imaginé de retarder le début du mouvement de rotation des cylindres, tout en laissant leur embrayage s'effectuer simultanément avec celui des mains-douces; voici un exemple d'une des dispositions par lesquelles on a obtenu ce résultat. Soient (fig. 82) A l'arbre des cylindres ou qui commande directement les cylindres, B un disque fixe sur l'arbre A et muni d'une coulisse ab en arc de cercle, C un second disque fou sur l'arbre A et muni sur sa paroi gauche d'un nez D. Soit e le sens dans lequel tourne l'arbre A; la

pièce C est alternativement libre et commandée par le moteur au moyen d'un manchon d'embrayage non figuré, dont la couronne de dents correspond par exemple à la couronne de dents figurée sur la paroi droite de la pièce C. Considérons ces organes à l'état de repos qui est leur état pendant les trois dernières périodes; le ressort E a évidemment fait tourner la pièce C de manière à acculer son nez D dans le coin b de la coulisse ab. Lorsque commence la première période, la pièce C est embrayée et mise en mouvement; mais pendant une portion de tour, elle ne fait que fléchir le ressort E, et les cylindres ne sont entraînés que lorsque le nez D est venu s'appuyer contre l'extrémité a de la coulisse ab. Lorsqu'à la fin de la première période, la pièce C se trouve libérée, le ressort la fait revenir à la position de repos dans laquelle son nez D s'appuie contre l'extrémité b de la coulisse ab. Et cela ainsi pour chaque aiguillée. —Concevons maintenant que la pièce C commande la main-douce par engrenages et pendant la première période; nous voyons que l'on peut déterminer par expérience une étendue de coulisse ab dont le parcours par le tourillon D corresponde à l'allongement élastique des cordes de main-douce.

Nous pouvons encore citer une autre disposition qui atteint le même but sans l'emploi du ressort : Supposons que sur la pièce C soit tournée une gorge et que sur cette gorge on fasse passer une petite corde ou courroie fgh. Soient G la section d'une pièce fixe quelconque disposée sous l'arbre A (le porte-cylindres par exemple); H, I deux trous pratiqués dans cette pièce. Supposons que les deux bouts f, h de la corde en question passent à travers les trous H, I; et soient attachés, un bouton à l'extrémité f et un poids à l'extrémité h, ce bouton et ce poids ne pouvant pas passer par les trous. — Admettons que cette corde soit d'une longueur telle que le bouton étant arrêté contre l'orifice H et le poids h étant librement pendu, il y ait entre le dessus de ce poids et le dessous de l'orifice I une distance q de quelques centimètres. Admettons aussi que la friction de la corde sur la pièce C soit assez forte pour que, cette pièce tournant dans le sens e, le poids soit soulevé et arrêté contre l'orifice I.

Pendant la première période, ce poids sera donc soulevé. A la fin de cette période, la main-douce cessant d'être assujettie à la pièce C qui devient folle, le poids h s'abaissera en entraînant la pièce C dans un mouvement de recul angulaire qui sera proportionnel à la longueur q, et *qui ne ramènera pas nécessairement* le nez D contre l'extrémité b de la coulisse ab. Au commencement de la première période, le poids h sera de nouveau soulevé et viendra butter sous l'orifice I en même temps que le nez D buttera contre l'extrémité a de la coulisse.

On voit que cet appareil fonctionne comme le précédent et qu'on peut de plus, en lui, régler à volonté la mesure du recul de la pièce C en variant la lon-

18

gueur q, ce qui se fait aisément par une disposition permettant de déplacer le bouton f sur l'extrémité de la corde. — Ces dispositions, quoique bonnes, sont délicates et, par ce fait même, ne sont pas appliquées à tous les systèmes de métiers.

113. Le passage d'une période à la suivante doit être combiné, comme on sait, de manière à amortir les puissances vives. De la quatrième à la première période on n'a qu'une puissance vive à considérer, c'est celle du chariot; elle doit être consommée principalement par les scroles. Les tampons des sentinelles ne doivent pas être trop élastiques, et ils doivent très peu contribuer à l'arrêt du chariot; le châssis ne doit butter que contre une pièce *un peu élastique*, telle qu'un plongeur en bois disposé dans une boîte à caoutchouc. — De la première période à la seconde, il y a peu de puissance vive à vaincre dans le chariot, mais on ne saurait la vaincre par un organe élastique, parce que ce dernier pourrait mettre obstacle à l'emprisonnement du chariot dans le *loquet* (92); le chariot doit s'arrêter toujours rigoureusement au même point, c'est pourquoi on a institué ce loquet et aussi les *verrous* (108), mais on peut se passer des verrous et n'établir que des sentinelles non élastiques. — De la deuxième à la troisième période, la puissance vive des tambours est consommée par le moteur qui, par l'intermédiaire d'un organe à friction, leur imprime un mouvement en sens contraire. — De la troisième à la quatrième période, l'inertie du chariot est à vaincre par les scroles; nous avons déjà parlé des précautions à prendre pour cela, mais nous devons ajouter que la puissance vive des tambours, acquise pendant le dépointage, doit être vaincue par le cliquet à pattes du barillet (95), et l'on comprend que cet organe, que ses fonctions obligent à être léger et par conséquent faible, ne saurait vaincre une grande puissance vive; c'est une des raisons qui obligent à effectuer le dépointage lentement.

114. Nous avons peu parlé de l'étirage supplémentaire (3). De nombreuses dispositions ont été réalisées pour son effectuation, elles sont faciles à comprendre, mais plus difficiles à appliquer; en voici une qui nous paraît assez ingénieuse. Soient (fig. 83), vus en plan, A l'arbre des cylindres, C l'arbre moteur de la machine, D une roue d'angle sur cet arbre, B une roue d'angle folle sur l'arbre A et engrenant avec la roue D; la roue B est solidaire d'une pièce embrayable E munie à cet effet d'une couronne dentée sur sa paroi. Soit F un manchon d'embrayage lié de rotation avec les cylindres, moyennant une disposition à clavettes fixes; quand ce manchon est adapté à la couronne E, il rend l'arbre A des cylindres solidaire de la roue B. Soient G un disque à rebord fixé au canon de la

roue B, une couronne dentée intérieurement est ménagée sous son rebord ; H une roue fixée sur l'arbre A ; L un plateau fou sur l'arbre et portant solidairement au bout de son canon une roue K qui se relie par une roue M à la main-douce ; I une roue intermédiaire engrenant avec la roue H et la couronne N, et montée folle sur un tourillon solidaire du plateau L en un point J.

Pendant la première période, le manchon F étant adapté à la couronne E, les pièces B, F, A, N, H tournent solidairement, ne font nullement tourner la roue I sur elle-même, entraînent solidairement les pièces L, K, et commandent la roue M et par suite la main-douce.

Lorsque l'étirage supplémentaire doit commencer, un distributeur écarte le manchon F ; dès lors les cylindres s'arrêtent, la roue H ne tourne plus, la roue I, commandée par la couronne N, roule sur la roue H et son axe commande la rotation du plateau J, et par suite le mouvement de la main-douce, avec une vitesse évidemment inférieure à sa vitesse précédente. La roue H, par ce mouvement, tend à être entraînée, mais la résistance du frottement des cylindres suffit pour empêcher cet effet de se produire, d'autant plus que si la corde de torsion marche dans le sens de la sortie du chariot, elle le sollicite dans ce mouvement et diminue l'effort demandé à la main-douce.

Lorsque le chariot arrive au bout de sa course, l'étirage supplémentaire devant cesser, un organe non figuré donne lieu à la suppression de la liaison entre la main-douce et la roue M. — On peut, à cette disposition, ajouter un mouvement donnant lieu à la double vitesse des broches ; à cet effet, on dispose une seconde courroie motrice à la machine, mais nous ne décrirons aucune des dispositions adoptées dans ce but, parce que le lecteur peut les comprendre à première vue et parce que jusqu'à présent on en a peu fait usage.

115. Nous avons toujours raisonné des bobines sans parler du petit tube en papier que l'on enfile sur la broche pour servir de base, d'assise et d'attache à la bobine ; on comprend sans peine l'utilité de ces tubes pour les métiers automates comme pour les mull-jenny, et nous n'en parlons qu'en passant pour appeler l'attention du lecteur sur l'avantage des tubes en papier un peu coniques, sur la nécessité de serrer ces tubes sur les broches : quand ces tubes sont pour ainsi dire fous sur les broches, ils tournent un peu sur elles au lieu de renvider, pendant les premières couches, et il en résulte des vrilles pendant le renvidage ; on pourrait donc se tromper en accusant toujours de ce dernier défaut le diamètre du barillet.

XV

116. D'après les études précédentes, nous voyons que la poulie motrice doit :

Pendant la première période, commander la rapide rotation de torsion des broches, et la sortie du chariot par ce qui s'appelle la main-douce;

Pendant la deuxième période, continuer la rotation de torsion des broches;

Pendant la troisième, commander les broches en sens contraire;

Pendant la quatrième, commander la rentrée du chariot par les scroles.

Tous les autres mouvements sont commandés en seconde ligne : pendant les deux premières périodes, tous les mouvements qui s'opèrent sont commandés directement par ce que nous nommons les mécanismes moteurs; pendant la troisième période, les mouvements de baguette résultent de la rotation en sens inverse des broches; et pendant la quatrième période, le mouvement de rotation des broches et le mouvement des baguettes résultent du mouvement du chariot; nous n'avons donc pas à nous en occuper pour les mécanismes moteurs, nous devons seulement établir, dans les organes moteurs, des organes d'embrayage ou de débrayage dont les mécanismes distributeurs ont la mission de disposer.

Comme on l'a fait dans les mull-jenny, on a disposé dans la grande tétière du métier automate (10, 11), un arbre moteur sur lequel on a fixé une poulie mue par une courroie, et une poulie à gorge dite *volant*, *poulie de volée* ou *poulie de torsion*, sur laquelle passe la corde de commande de l'arbre des broches. L'arbre moteur commande par des séries de roues les cylindres et la main-douce; ces roues sont susceptibles d'être libérées par des manchons ou des désengrènements, pour donner lieu à l'indépendance des cylindres et de la main-douce pendant les trois dernières périodes.

A la troisième période, il faut arrêter les broches promptement, et les commander lentement en sens contraire; à cet effet, rien n'est plus naturel que d'employer un organe à friction qui, non-seulement ait la fonction d'arrêter le volant sans choc, mais encore celle de le commander en sens contraire, car ne l'employer que pour arrêter et se servir ensuite d'un organe rigide comme un organe d'embrayage à dents pour commander le détour, c'est compliquer et mettre le dépointage en train avec choc.

Mais pour opérer cette commande en sens contraire, il faut :

Ou bien, rendre le volant fou sur l'arbre ;

Ou bien, rendre la poulie motrice folle sur cet arbre.

Dans le premier cas, il faut encore une seconde friction pour embrayer le volant avec l'arbre moteur, attendu que celui-ci continuant à tourner rapidement on ne saurait embrayer sans danger par un manchon à dents à la fin de la quatrième période.

Dans le deuxième cas, pour de semblables raisons, il faut encore des frictions pour embrayer alternativement la poulie motrice avec l'arbre ou avec un autre organe.

Pendant la quatrième période, il faut que le volant soit libre, attendu que le barillet le commande en retour et follement.

La série de ces idées mène à songer à deux poulies motrices, l'une fixe sur l'arbre moteur, l'autre folle sur le même arbre, mais réagissant sur la première ; à disposer les choses de manière que la courroie soit sur la première poulie pendant les deux premières périodes et sur la deuxième pendant les deux dernières périodes.

Le plus doux des embrayages est celui d'une courroie passant d'une poulie folle sur une poulie fixe ; on peut donc, avec cette disposition, à la fin de la deuxième période, amener la courroie sur la seconde poulie, puis arrêter la première poulie motrice au moyen d'un organe à friction qui, commandé en retour par cette seconde poulie, au moyen d'engrenages, commandera la première poulie en sens contraire avec une vitesse qu'on peut déterminer à volonté, en calculant convenablement ces roues transmettantes ; à la quatrième période, dans ces conditions, on écartera l'organe à friction qui assujettit la première poulie à la deuxième, de manière à rendre cette première poulie entièrement libre ainsi que le volant, l'on se servira d'une partie des engrenages établis pour transmettre aux scroles leur mouvement de quatrième période.

Soient (fig. 84) A l'arbre moteur, B la poulie fixe, C le volant, D une roue d'angle fixe sur l'arbre, E l'arbre des cylindres, F une roue folle, susceptible d'être liée de rotation avec l'arbre E au moyen d'un manchon d'embrayage ; G une roue solidaire de la roue F, H l'arbre de main-douce, I une roue folle sur cet arbre, mais susceptible d'être rendue solidaire de l'arbre H et engrenant avec le pignon G. — J la poulie motrice folle sur l'arbre A, nous l'appelons ordinairement *deuxième poulie motrice* ; K une roue solidaire de la poulie J, L une roue intermédiaire entre la roue K et une roue M fixée sur un arbre N parallèle à l'arbre A et portant fixement une roue O qui engrène avec une grande roue P, laquelle est folle sur l'arbre A et est munie d'un cône, recouvert de cuir, pénétrant la poulie B de manière à se lier à elle par friction ; cette roue P est susceptible de se déplacer sur l'arbre afin de pouvoir être alternativement folle ou liée à la poulie B. — Q une roue d'angle fixée sur l'arbre N et engrenant avec une roue d'angle R fixée sur un arbre vertical S ; V l'arbre des scroles, U roue d'angle fixe sur cet arbre et engrenant avec une roue d'angle T folle sur l'arbre S, mais pouvant lui devenir solidaire par l'abaissement d'un manchon d'embrayage disposé au-dessus d'elle. — X une vis sur l'arbre A, Y une roue commandée par cette vis et commandant le *compteur*. Le compteur a pour but de déterminer la fin de la deuxième période d'après le nombre total de tours de l'arbre moteur pendant la première période et la seconde, c'est-à-dire la quantité de torsion donnée au fil. Ces dispositions sont très simples : pendant la première période, la courroie est sur la première poulie B, la friction P* est écartée, le volant C commande la torsion, la roue D commande l'étirage et la sortie du chariot, la roue T se trouve libre et dès lors le système des pièces S, R, Q, N, M, L, K, O, P, J, est fou, et si la courroie embrassait encore un peu la poulie J, la rotation de ce système n'aurait aucune influence sur les opérateurs. Pendant la deuxième période, les arbres E, H sont libres, la torsion seule continue. Pendant la troisième période, la courroie passe sur la poulie J et commande le système S, R, Q, N, M, L, K, O, P, J ; la friction P pénètre en même temps dans la poulie B, l'arrête et puis l'entraîne en sens contraire à cause du renversement du mouvement opéré par l'intermédiaire L et avec une vitesse qui résulte des rapports des nombres de dents des roues K, M, O, P. — A la quatrième période, la friction se dégage et libère par suite les pièces A, B, C ; en même temps la roue T se lie par l'embrayage de son manchon avec l'arbre S ; dès lors le mouvement de la poulie J se transmet aux scroles avec une vitesse qui dépend des rapports des nombres de dents des roues K, M, Q, R, T, U.

Pour débrayer la machine on peut disposer une poulie folle entre les deux poulies motrices et y amener la courroie, mais cette disposition a l'inconvénient de marquer un temps d'arrêt chaque fois que, pendant le mouvement, la courroie doit passer d'une poulie motrice sur l'autre ; on a cependant, dans certaines machines, rendu cet inconvénient insensible ; mais cette disposition rend impossible toute combinaison qui demanderait que la courroie embrassât continuellement la deuxième poulie ; nous dirons plus loin pourquoi cet incon-

---

* On dit souvent *friction* pour *organe à friction*.

vénient a fait souvent rejeter cette disposition. On a aussi commandé la machine par l'intermédiaire d'un renvoi disposé au plafond ; on débraye alors la machine en faisant passer la courroie motrice du renvoi sur une poulie folle disposée dans ce renvoi. Enfin une combinaison souvent adoptée, consiste à disposer une poulie folle Z à côté de la deuxième poulie motrice et sur le canon prolongé de celle-ci ; il faut alors que la machine soit combinée de manière que jamais le passage de la courroie, depuis la première poulie motrice jusque sur la poulie folle du débrayage, par-dessus la deuxième poulie motrice, ne produise, par les quelques tours qu'elle imprime à cette poulie pendant son passage, la moindre perturbation dans la machine : il est facile de voir qu'il en est ainsi dans la présente disposition, puisque pendant les deux premières périodes, les pièces J, K, L, M, N, O, P, Q, R, S sont entièrement indépendantes et sans effet.

Lorsque les scroles, au lieu d'être derrière la tétière et près du sol, se trouvent au-dessus et au milieu de la tétière, les dispositions générales de la figure 84, qui représente une élévation, sont remplacées par celles de la figure 85, qui est une vue en plan que le lecteur analysera du premier coup d'œil. La commande des cylindres et mains-douces, au lieu de partir de l'extrémité droite de l'arbre moteur, part de son côté gauche, près du volant ; elle s'effectue, par exemple, au moyen de roues droites D; F et se transmet par des organes intermédiaires non figurés à la main-douce et aux cylindres dont les lignes a, b représentent, si on veut, les axes. Le compteur se trouve disposé en avant. Le manchon de scrole, ainsi que le pignon, se trouvent sur l'extrémité prolongée de l'arbre N au lieu de se trouver sur un arbre à part, l'arbre V est l'arbre des scroles. Au reste, dans les figures 84 et 85 les mêmes lettres affectent les organes de même fonction.

Voilà les deux dispositions générales de mécanismes moteurs qui paraissent prévaloir dans les métiers actuels ; elles sont susceptibles d'une infinité de petites modifications, mais elles partent toutes du principe de deux poulies motrices, lequel a conduit presque tous les ingénieurs qui ont fait des métiers automates à des *mécanismes moteurs* semblablement combinés, sinon semblablement disposés.

Le débutant trouvera un exercice très utile dans la recherche et dans l'étude de toutes sortes de dispositions de mouvements moteurs.

117. Les vitesses des cylindres et de la main-douce sont dans des rapports que l'on modifie rarement ; on modifie beaucoup plus souvent les vitesses des deux dans la même proportion, d'où l'on a été conduit, dans quelques systèmes,

à faire commander la main-douce par l'arbre des cylindres ; dès lors l'augmentation ou la diminution de la vitesse des cylindres entraine une semblable modification dans la main-douce et l'on n'a qu'un seul pignon à changer ; les roues qui relient les cylindres à la main-douce permettant toujours, d'ailleurs, de modifier leurs rapports de vitesse.

L'organe à friction que l'on emploie pour le dépointage doit pouvoir être débrayé instantanément, ce qui fait entendre que si, au lieu d'établir deux poulies motrices, on cherchait à faire intervenir une deuxième courroie motrice, cette dernière pourrait avoir l'avantage de donner lieu à un embrayage très doux, mais elle ne pourrait pas être facilement débrayée avec instantanéité. On emploie comme organe à friction, un cône recouvert de cuir et pénétrant dans une partie creuse, en fonte, également conique ; la difficulté de construction de ces sortes de frictions, qui se dérangent souvent, demandent cependant une grande précision, veulent être réparées souvent, a fait adopter aussi une friction plate constituée par un plateau recouvert de cuir et venant comprimer, pour l'entraîner, un autre plateau en fonte.

En général, la friction ne doit saisir la poulie fixe que lorsque la courroie est presque entièrement sur la poulie motrice folle, sans quoi il en résulte un conflit de mouvements, un grand vacarme dans les engrenages, des efforts momentanés considérables et très souvent des ruptures de pièces. Cette observation est fort importante, nous avons vu des machines dans lesquelles on n'apercevait pas ce défaut et dont les ruptures de pièces ont désespéré les filateurs par leur fréquence ; on comprend qu'avec des conflits de mouvement les ruptures sont presque inévitables, même avec les organes les plus fortement proportionnés.

XVI

ÉTUDE DES ORGANES OU MÉCANISMES DISTRIBUTEURS

118. Nous avons successivement présenté au lecteur les trois premières espèces de mécanismes dénommées au numéro 6 et qui constituent le métier à filer automate. Nous allons maintenant étudier ce que nous avons appelé les *mécanismes distributeurs,* c'est-à-dire les mécanismes qui sont destinés à arrêter ou à mettre en train chaque partie de la machine aux moments voulus.

Nous nous persuadons que l'étude que nous allons faire apportera des éléments nouveaux à cette science qu'Ampère a appelée *cinématique.*

Quand on cherche à se rendre compte des progrès successifs qu'a faits le métier automate, on reconnaît que les opérateurs ont été découverts d'abord; que ceux de ces opérateurs qui doivent être animés de mouvements uniformes ont ensuite été assujettis à un moteur mécanique qui cessait son effet sur ces opérateurs pendant les moments où ces derniers devaient effectuer des mouvements de vitesse variable, mouvements variables que la main de l'ouvrier devait commander. Quand, après de nombreux *tâtonnements,* on trouva des mécanismes spéciaux transformant le mouvement uniforme du moteur en les mouvements variables que la main de l'homme devait exécuter, on put songer à rendre le métier à filer entièrement automatique, et c'est à ce moment qu'on se trouva dans le cas de chercher les mécanismes distributeurs. Eh bien, ces mécanismes distributeurs ont été pendant bien des années l'objet de nombreux et coûteux essais. Ce sont leurs défauts qui, depuis vingt ans, ont fait abandonner les trois quarts des systèmes réalisés. Nous croyons donc bien faire en faisant ici, des mécanismes distributeurs, une étude approfondie; étude qui, nous en avons l'espoir, pourra être de quelque utilité pour la combinaison de machines autres que celles dont nous nous occupons.

119. Résumons d'abord les fonctions que les mécanismes distributeurs doivent remplir dans les métiers automates.

Nous avons divisé l'aiguillée en quatre périodes, et nous avons appelé évolution le passage d'une période à la suivante (3). On a vu qu'aucun changement de marche ne s'effectue dans le cours d'une période, et que, dans chaque évolution, il faut arrêter quelques organes et mettre en train d'autres organes, ce qui revient à dire que dans chaque évolution quelques organes qui commandent, soit directement des opérateurs, soit des mécanismes spéciaux, doivent être, les uns rendus solidaires de la transmission de mouvement du moteur, les autres rendus indépendants de cette transmission.

Chacun sait comment, pour rendre un organe alternativement solidaire ou indépendant d'un autre, on peut disposer *des manchons d'embrayage, des roues susceptibles d'être désengrenées, des courroies pouvant passer d'une poulie fixe à une poulie folle,* etc.; nous pouvons donc, en nous réservant de revenir sur les conditions dans lesquelles doivent se trouver ces organes particuliers, parler de suite des mécanismes qui peuvent rendre ces organes solidaires ou indépendants de la transmission du moteur, ou qui, autrement dit, peuvent commander, pendant les évolutions, les embrayages et les désembrayages.

Dans la première évolution, il faut arrêter les cylindres et la main-douce par le débrayage de certains manchons ou le désengrènement de certaines roues.

Dans la seconde évolution, il faut arrêter le mouvement de torsion et faire marcher les broches en sens contraire, ce qui se produit par le déplacement de la courroie motrice (116) et l'embrayage de la friction.

Dans la troisième évolution, il faut arrêter le détour des broches, les rendre indépendantes des arbres moteurs et embrayer le mécanisme qui fait rentrer le chariot, ce qui se fait en débrayant la friction, en soulevant le loquet du chariot et en embrayant le manchon qui relie l'arbre des scroles avec la transmission motrice.

Dans la quatrième évolution, il faut embrayer les cylindres et la main-douce, ramener la courroie de commande sur la première poulie motrice et débrayer le manchon des scroles.

Les organes sur lesquels il faut que le mécanisme distributeur agisse sont donc :

1° Les manchons de cylindre et de main-douce;

2° Le manchon des scroles;

3° La courroie motrice;

4° Le loquet du chariot.

120. Imaginons, disposé au-dessus ou au-dessous de la têtière, un arbre allant de la grande à la petite têtière et portant autant d'excentriques qu'il y a d'organes d'embrayage à déplacer dans les diverses évolutions. Imaginons en-

core : 1° Que chacun de ces excentriques, par l'intermédiaire d'un levier, lie la position d'un de ces organes d'embrayage à la courbure de cet excentrique; 2° qu'à chaque évolution, et par une cause quelconque, cet arbre fasse brusquement un quart de tour. Il arrivera que cet arbre fera quatre évolutions, se répétant dans le même ordre pour chaque aiguillée. Nous pouvons saisir de suite que, sur un semblable arbre, on peut donner aux divers excentriques qu'il porte des courbures qui détermineront, comme ils doivent l'être, les positions et les déplacements des divers organes d'embrayage dans les diverses évolutions.

D'excellents métiers ont cette disposition essentielle pour leurs mécanismes distributeurs. On la nomme *arbre à excentriques, arbre à quatre temps,* etc. — Mais cet arbre présentant une certaine masse avec ses excentriques et devant effectuer ses quarts de tour avec la plus grande rapidité, demande lui-même un effort moteur et même un travail moteur assez considérable (eu égard au temps très court que dure une évolution). On a donc cherché à lui faire exécuter ses quarts de tour sous la commande du moteur, en le mettant, pendant chaque évolution, en contact avec un organe moteur. Voici la disposition fort ingénieuse qui a été adoptée :

D'abord, supposons que les poulies motrices n'aient pas de poulie folle entre elles, et que la courroie, tout en se trouvant sur la première poulie, embrasse toujours un peu la seconde, afin que cette dernière soit constamment mue. Il résulte immédiatement de cette supposition que *l'arbre de retour* N de la figure 84 (n° 116) est aussi toujours en mouvement.

Cela posé, soient A (fig. 86) un arbre tenant *un mouvement continuel de rotation* des poulies motrices ou de l'arbre de retour; B l'arbre à excentriques; C un tambour fixé sur l'arbre B et portant sur son contour quatre évidements E, H, G, F; D un tambour fixé sur l'arbre A et recouvert de cuir, afin d'être quelque peu élastique. — La distance des centres A, B, est plus petite que la somme des rayons des deux tambours, et les choses sont proportionnées de façon que, lorsque le milieu d'un de ces évidements se trouve sur la ligne des centres, les deux tambours ne sont pas en contact, et qu'en toute autre situation le contact s'établit et le tambour est entraîné dans le sens de rotation représenté par la flèche *a*, en supposant que le tambour D, que l'on appelle *impulseur*, tourne dans le sens de la flèche *b*. Une fois le tambour en contact, il y a rotation rapide, l'impulseur tournant rapidement; lorsqu'un évidement passe sur la ligne des centres, la puissance vive du tambour suffit à faire dépasser son milieu de cette ligne, et le contact se rétablissant entre les deux tambours, le mouvement continue.

Etudions actuellement les pièces par lesquelles le tambour est alternativement libéré et arrêté au commencement et à la fin des évolutions, et, par conséquent, au commencement et à la fin de chacun de ses quarts de tours.

Considérons (fig. 87) une paroi du tambour à évidements ou, généralement, un plateau A solidaire de l'arbre à excentriques. Soit B le canon de ce plateau. Considérons les cercles concentriques B, C, D, E, A. Soient O le centre du plateau; O F, O G, O H, O I quatre rayons à angles droits. Sur le rayon O F, et entre les deux cercles A, E, établissons un nez a. Sur le rayon O G, et entre les cercles E, D, établissons un nez b. Sur le rayon O H, et entre les cercles D, C, établissons un nez c. Sur le rayon O I, et entre les cercles B E, établissons un nez d.

Considérons maintenant un nez g d'une pièce étrangère pivotant sur un centre h dans un plan parallèle au plan de la figure; considérons le nez a s'appuyant contre le nez g pendant que le tambour à évidements est en un de ses points de repos. Si nous déplaçons le nez g vers la gauche de manière à l'amener entre les cercles D, E, il arrivera qu'à l'instant où son coin droit dépassera le coin gauche du nez a, le tambour décrira un quart de tour dans le sens m, d'après les causes énoncées plus haut et au moyen d'un mécanisme que nous décrirons tout à l'heure, lequel le mettra en contact de l'impulseur. Au bout de son quart de tour, le nez b sera butté par le nez g, puisque le nez b est contenu entre les cercles D, E. Si nous déplaçons de nouveau le nez g vers le centre o, de manière à l'amener entre les cercles B, C, la troisième évolution se produit et se termine au moment où le nez g vient butter contre le nez d. Maintenant, pour donner lieu à la quatrième évolution, il faut que le nez g marche en sens contraire, s'écarte du centre pour revenir entre les cercles A, E, et butter contre le nez a à la fin de la quatrième évolution; pour que le nez g soit sûrement contenu entre les cercles A, E à ce moment, il faut qu'il y soit contenu déjà au début de l'évolution, c'est pourquoi le nez d s'étend entre les cercles B, E; l'importance de cette précaution est évidente.

Passons à la disposition qui doit, dès que le nez g a quitté l'un des nez du plateau, donner au tambour à évidements un commencement de rotation qui le mette en contact de l'impulseur. Soient (fig. 88) disposés sur un plateau solidaire de l'arbre à excentriques ou sur une paroi du tambour à évidements, quatre tourillons e, d, c, f, et sur un axe à part I un levier oscillant J tendu par un ressort dans le sens de la flèche q. La partie supérieure de ce levier est découpée en courbe, comme le montre la figure. Tout est disposé de manière que, lorsque le tambour est arrêté, un de ses évidements se trouvant sur la ligne des centres, il y ait toujours un des tourillons disposé sur l'extrémité du levier J, comme la figure montre le tourillon d. — De cette situation et de la tension du ressort résulte une tendance ascensionnelle transmise au tourillon d, et, par suite, au moment où le tambour n'est plus *retenu*, il tourne un peu sur lui-même : il n'en faut pas davantage pour donner lieu au contact de l'impulseur, et l'évolution s'opère. Le tourillon suivant *c* vient alors repousser d'abord le levier J et s'arrêter de nouveau sur la partie courbe supérieure de ce levier au moment où l'évolution se termine.

Nous appelons *retenant* le nez *g* d'arrêt de la figure 87 et *amorceur* le mécanisme de la figure 88.

On a parfaitement saisi les jeux successifs du retenant, de l'amorceur et de l'impulseur pour chaque évolution. On se rend compte aisément d'une disposition de mécanisme permettant plus ou moins que quatre évolutions par tour d'arbre à excentriques ou par aiguillée. Enfin on voit avec qu'elle promptitude on peut, au moyen de ce dispositif, effectuer chaque évolution; et l'on voit aussi quels légers efforts nécessite le déplacement du retenant.

On a cherché, dans plusieurs systèmes de métiers automates, à remplacer l'impulseur à friction par un impulseur à dents ou par une disposition de manchons d'embrayages se débrayant eux-mêmes. En voici un exemple :

Soient A (fig. 88 *bis*) un arbre animé d'un mouvement continuel de rotation; B une bague fixée à l'extrémité de cet arbre; C un manchon à couronne de dents d'embrayage, susceptible de se déplacer sur l'arbre tout en étant lié de rotation avec lui par des clavettes fixes; D un second manchon d'embrayage correspondant au premier et monté fixement sur un tube E porteur des excentriques distributeurs; ce tube est fou sur l'arbre. — Soient F un ressort à boudin s'appuyant contre la bague B et poussant le manchon C contre le manchon D; G un disque contenu entre les deux manchons et lié de rotation avec le manchon D au moyen d'un tourillon qui pénètre dans un trou ménagé dans ce manchon; H, tourillon mobile traversant d'outre en outre le manchon D, s'appuyant à gauche contre le disque G et à droite contre une pièce que nous décrirons tout à l'heure. — Si le tourillon H est poussé vers la gauche, il débraye les deux manchons en repoussant le disque G; dès que le tourillon H cesse d'être poussé vers la gauche, il laisse se rejoindre les manchons et recule vers la droite. Dans ces mouvements, on voit que le disque G a pour but de parer à l'usure rapide qui se produirait sur le tourillon H, si celui-ci était en contact direct avec le manchon C, lequel, comme on sait, tourne constamment. — Il s'agit, supposons, de faire exécuter au tube E des évolutions par demi-tours.

La figure 89 (*bis*) représente une coupe de la figure 88 (*bis*) par une ligne J et vue dans le sens de la flèche *a*; les mêmes lettres, dans les deux figures, représentent les mêmes organes; aussi allons-nous parler sur les deux figures à la fois. — Soient I une pièce verticale contre laquelle butte le tourillon H; cette pièce laisse passer le tube E à travers un trou pratiqué en elle ; ce trou est rectangulaire, ou à peu près, plus haut que large, de manière à permettre à la pièce I de se déplacer dans le sens vertical d'une quantité un peu plus grande que le diamètre du tourillon H. Soient b, c deux nez qui longent les deux côtés verticaux du trou rectangulaire, l'un des nez b se prolonge vers le haut, au delà du rectangle, d'une quantité égale au diamètre du tourillon H, l'autre nez c se prolonge vers le bas de la même quantité. — Soient d la circonférence que le tourillon H peut décrire quand la pièce I occupe sa position supérieure, e celle que le tourillon H peut décrire quand la pièce I occupe sa position inférieure. Le sens de la rotation de l'arbre A est donné par la flèche f : le tourillon H, quand il s'appuie sur les parties g, h de la pièce I, permet la jonction des manchons C, D. La figure 89 *bis* représente aussi la coupe Q de la pièce I considérée dans le sens l ; on voit sur cette coupe que la surface de la pièce I s'élève un peu vers le côté où, en suivant le sens rotatoire f sur le cercle d, ce cercle d rencontre le nez b ; il en est de même de cette surface quand, en suivant le cercle e dans le sens f, on rencontre le nez c. Cette *élévation, en plan incliné*, de la surface, n'a pas une plus grande largeur que le tourillon H, cette largeur étant comptée dans le sens des rayons des cercles d et e.

Supposons actuellement la pièce I dans sa position supérieure, les manchons embrayés et le tourillon H décrivant par son extrémité droite le cercle d. En s'approchant du nez b, le tourillon H sera repoussé par le plan incliné, et, par ce recul, il donnera lieu au débrayage des manchons ; la puissance vive du tube E et de ce qu'il porte aidant, le mouvement rotatoire se prolonge jusqu'au moment où le tourillon H rencontre le nez b. — Si dans cette position la pièce I s'abaisse, le tourillon abandonne le cercle d pour tomber sur la partie supérieure du cercle e, laquelle n'a pas la surface *élevée* ; il en résulte l'embrayage des manchons, et le même mécanisme d'arrêt et de débrayage se reproduit contre le nez c. Si dans cette position la pièce I s'*élève*, un nouveau demi-tour s'effectue. Le lecteur a suffisamment compris le jeu de cet appareil qui, à chaque va-et-vient de la pièce I, décrit un demi-tour.

121. Si, dans le métier automate, chaque période comptait un nombre parfaitement déterminé de tours de poulies motrices, on pourrait concevoir un système de *compteurs* mus par ces poulies, et donnant lieu, aux moments voulus, au déplacement du retenant. Mais il faudrait pour cela que toutes les parties de la machine fussent d'une rigidité absolue ; il ne faudrait commander aucun organe par corde ou en général par friction ; il faudrait, en définitive, établir entre les opérateurs et les poulies motrices des transmissions d'une précision

mathématique, et réaliser enfin un état presque parfait et par conséquent un état à peu près impossible.

Pour donner lieu aux déplacements du retenant, on a cherché à disposer sur les opérateurs eux-mêmes, des pièces qui causent ces déplacements *par leur arrivée même* au bout des courses assignées à ces opérateurs.

Voyons donc comment les opérateurs du métier automate agissent sur le retenant du système distributeur que nous avons exposé.

Soient (fig. 89) Q R la ligne du plancher sous la têtière prise dans le sens longitudinal, c'est-à-dire de la grande à la petite têtière ; S, T deux verticales figurant les deux extrémités de course d'un point du chariot ; la grande têtière est considérée à gauche de la ligne S et la petite têtière à droite de la ligne T. Soit A l'axe sur lequel pivote le levier porteur du retenant contre lequel buttent successivement les nez du tambour à évidements ; ce levier est en équerre et s'articule en C avec une tringle verticale C D qui le relie, encore par articulation, avec l'extrémité d'un balancier U horizontal, lequel oscille sur un axe E disposé environ au milieu de la têtière et rendu plus pesant à droite de son centre qu'à gauche ou, généralement, armé d'un ressort qui tend à abaisser sa partie droite. Ce balancier est muni de trois têtes ou nez carrés dont deux en I et en H et un en F. *Trois leviers* ou crochets sont disposés pour empêcher le balancier de s'abaisser à droite, savoir, 1° *deux* à la petite têtière, le crochet N et le crochet L, tous deux suspendus au tourillon M situé au-dessus, le premier correspondant au nez I, le second au nez H ; 2° *un* à la grande têtière, c'est le crochet G qui pivote sur le tourillon X disposé au-dessous et qui correspond au nez F ; ce crochet est en équerre et s'articule en Y avec une tringle verticale *qui est reliée au compteur.* Les positions des trois crochets et de la pièce Z solidaire des bâtis, par rapport aux nez F, I, H, sont telles que le balancier peut tenir les inclinaisons différentes *d, c, a, b* suivant que son nez H repose sur le crochet L, — que son nez F s'appuie contre le crochet G, — que son nez I s'appuie contre le crochet N, — que son nez H repose sur la pièce Z. En P est représenté un plan incliné, fixé sur la partie gauche du balancier.

Pendant la première période, le balancier occupe l'inclinaison *d* et repose par son nez H sur le crochet L. Lorsque le chariot arrive au bout de sa course, il repousse, par une pièce convenablement disposée à cet effet, le crochet L par le nez K et *donne lieu* à la chute du balancier (qui s'arrête alors par son nez F contre le crochet G) et à la première évolution — le nez *g* se déplaçant. — A la fin de la seconde période, le compteur donne lieu au décrochement du levier G et, par suite, à la chute du balancier sur le crochet N et à la deuxième évolution. — A la fin de la troisième période, le levier de liaison en s'encochant, c'est-à-dire en passant sur le galet du levier de règle, agit, par l'intermédiaire d'une pièce non figurée, sur la pièce N qu'il décroche, et donne lieu à la chute du balancier sur la pièce Z, et, par suite, à la troisième évolution. — Lorsque le chariot arrive au porte-cylindres à la fin de la quatrième période, il rencontre par un galet la pièce P, abaisse la partie gauche du balancier, d'où il résulte que le balancier revient occuper sa première position d et occasionne, par suite, la quatrième évolution. Il faut remarquer que les crochets N, L, sont sur le même axe M, que le crochet N est muni d'un nez O et que le poids du crochet L, quand il est libre, tend à le ramener sous le nez H en poussant devant lui le nez O. Il arrive donc, pendant la quatrième période, que les deux crochets pressent la face droite des nez I, H et que, à la fin de la quatrième évolution, les crochets N, L sont passés sous ces nez. Dès lors, pendant la première période, aussitôt que la pièce P cesse d'être pressée par le galet fixé au chariot, le balancier repose par son nez H sur le crochet L. — Le mouvement de retour du balancier, qui s'effectue à la fin de la quatrième période, n'a pas besoin d'être brusque, la mèche g pouvant revenir doucement du centre au contour du plateau A de la figure 87.

122. Le mécanisme du balancier a pour but, comme on voit, de relier la mèche g avec les opérateurs, de manière à faire dépendre le mouvement de cette mèche du mouvement que les organes en jeu de chaque période ont à la fin de cette période.

Le nez g (fig. 87) *retient* l'arbre à excentriques avec une grande facilité, puisque la pression des nez a, b, c, d s'exerce toujours dans une direction qui passe à peu près par le centre h. Autrement dit, les nez a, b, c, d, n'ont, pour ainsi dire, par leur pression sur le retenant, aucune tendance à déplacer ce dernier, et, par conséquent, n'ont aucune réaction sensible sur le mécanisme qui commande les déplacements du retenant.

La même observation est à faire pour les crochets N, L, G, de la figure 89, et c'est là la condition essentielle du bon fonctionnement de l'appareil distributeur que nous venons d'exposer.

123. Qu'on nous permette de donner ici quelques définitions dont chacun, en les appliquant, pourra apprécier l'importance pour la clarté qu'elles peuvent jeter dans les exposés de machines aussi compliquées que le métier à filer automate.

Soit A une pièce fixe (fig. 90) dont la surface supérieure est munie d'un coin bcd; de est une portion horizontale de cette surface, qui part du point d. Soient

D une pièce susceptible de se déplacer horizontalement dans le sens *h* et dans le sens contraire ; B un crochet articulé sur un tourillon C de la pièce D et reposant par son extrémité *f* dans le coin *b c d ;* G un ressort attaché en un point fixe F par une de ses extrémités, en un point E de la pièce D par l'autre extrémité et sollicitant la pièce D dans le sens de la flèche *h*. — Si l'on soulève le crochet B, la ligne *d c* étant un arc de cercle décrit du centre *c* dans sa position actuelle, on éprouve une résistance représentée par les frottements qui s'exercent contre la surface *d c* et sur le tourillon C et par le poids de la pièce B. Quand le coin inférieur du crochet B a dépassé le coin supérieur *c d e*, la pièce D cédant à la sollicitation du ressort G se déplace jusqu'en un certain point où nous supposons qu'elle se trouve arrêtée, et le crochet B reposant sur la surface *d e* par son extrémité glisse sur cette dernière en parcourant le même chemin que la pièce D. Si l'on veut ramener la pièce D à sa position actuelle et le crochet B dans le coin *c*, il faut exercer sur le ressort E F un travail un peu plus grand que celui que ce ressort a développé en se débandant. Un peu plus grand, parce que pour faire sûrement tomber le crochet dans le coin *c*, il faut que sa partie inférieure dépasse le coin *d* d'une certaine quantité, sauf à la ramener ensuite contre la surface *d c*.

On appelle *détente* un appareil du genre de celui que nous venons de décrire.

Une *détente* est un appareil dans lequel on emmagasine un travail (sur un ressort ou sur un poids) qu'on peut dépenser subitement à un certain moment pour opérer un mouvement déterminé.

Nous appelons *magasin*, dans une détente, l'organe dans lequel s'accumule le travail qui doit rester disponible, c'est-à-dire le ressort G dans le mécanisme de la figure 90, un poids dans d'autres mécanismes, etc.

Nous appelons, en général, *retenu* la pièce mobile de la détente, à laquelle s'attache le magasin et dans le mouvement de laquelle se dépense le travail emmagasiné ; et nous appelons *retenant* la pièce qui empêche le retenu d'obéir à la tendance du magasin. Pour que le retenant retienne le retenu, il faut qu'en général le retenu et le retenant se rencontrent par deux surfaces perpendiculaires au sens du chemin que le retenu tend à décrire ; et pour libérer le retenu, il faut que le retenant et le retenu se déplacent l'un par rapport à l'autre dans le sens de leurs surfaces de rencontre, c'est-à-dire encore perpendiculairement au chemin que le retenu tend à suivre.

Il est inutile de démontrer que le travail nécessaire au déplacement de libération sur le retenu ou sur le retenant peut être presque insignifiant relativement au travail accumulé dans le magasin.

20

Le retenu ou le retenant et quelquefois tous les deux forment un coin au point où ils s'accrochent, ce coin s'appelle en général *coche*.

Décocher, c'est écarter le retenu du retenant pour les libérer.

Remonter, c'est retendre le magasin pour pouvoir accrocher de nouveau le retenu au retenant.

Encocher, c'est, après le remontage, rapprocher le retenant et le retenu, afin de les accrocher l'un à l'autre.

Les *décocheur, remonteur, encocheur* sont les organes qui agissent sur le retenu ou le retenant pour décocher ou encocher, ou sur le retenu pour remonter.

Nous appelons, en général, *mèches* les décocheur, remonteur et encocheur. .

124. La *course de détente* est le chemin parcouru par le retenu après le décochement.

La *course de remontage* est le chemin que doit parcourir le retenu après le détendement pour pouvoir s'encocher.

Nous avons dit déjà tout à l'heure que, pour que l'encochement soit infaillible, il faut que le bout du retenu fasse une course un peu plus grande que celle qui paraît rigoureusement nécessaire. Cette course en plus, que nous appelons *course supplémentaire*, est très nécessaire. En effet, sans cette course supplémentaire, l'encochement, dans les conditions les plus rigoureuses, avec la détente de la figure 90 par exemple, aurait à vaincre le frottement contre la surface $d\,c$, et le plus insensible dérangement dans le mécanisme pourrait même ne pas faire arriver l'extrémité inférieure du crochet pénétrant à la position rigoureusement nécessaire à l'encochement. Ajoutons que, dans la plupart des cas, le remonteur, dès qu'il est arrivé au bout de sa course de remontage, se retire. Il faut donc bien une course supplémentaire largement suffisante pour que, après avoir achevé sa course de remontage, le remonteur se retirant brusquement, le retenu puisse s'encocher pendant que, sous l'action du magasin, il recule. Le recul est alors évidemment égal à la course supplémentaire.

Il faut aussi une course supplémentaire au décochement, c'est-à-dire soulever l'extrémité f du retenu plus haut que le coin d, sans quoi le moindre dérangement dans les pièces de la détente peut empêcher le décochement d'être complet et le détendement de s'opérer.

125. Il faut encore que la course totale $c\,d$, rigoureusement nécessaire pour le décochement, ne soit pas trop petite. Ainsi, dans le métier automate, aucun décochement ne doit pouvoir se faire à moins d'une course d'*au moins* $6^{\mathrm{m}}/_{\mathrm{m}}$, et, pour mieux dire, de 1 centimètre, sans quoi les vibrations de la machine et ses dérangements insensibles et inévitables pourront provoquer des décochements en des moments où ils ne doivent pas se produire, et causer quelquefois des accidents ; il faut aussi ajouter qu'avec des courses *c d* de décochement, trop faibles, l'usure arrivera rapidement à mettre la détente dans un état où elle se dérangera, où elle fonctionnera mal, où enfin, pour employer les mots des praticiens, elle *ratera*.

Il faut, dans le métier automate, que toutes lés pièces puissent s'user un peu, arriver à se mouvoir avec vibrations et *jeu* sans qu'il en résulte d'accidents ou de causes quelconques d'arrêt.

Nous aurons encore l'occasion de faire de semblables observations, et si nous insistons sur dés détails que des hommes de science trouveront peut-être trop minces, nous savons que ceux qui sont aux prises avec des métiers dérangés, mal entretenus, apprécieront l'importance des minuties dont nous nous occupons en ce moment.

126. Les détentes se présentent sous des formes très nombreuses. Quelquefois le retenant, au lieu de s'articuler, se meut dans une coulisse ; quelquefois une coche, au lieu d'être un angle ouvert, forme un encastrement, et alors le retenu prend le nom spécial de *verrou*. Nous avons déjà donné une disposition de verrou s'appliquant au métier automate (108). Dans le verrou il faut un certain jeu pour permettre un supplément de course, et ce jeu est d'autant plus grand que la vitesse relative de la coche et du verrou est plus grande et que la vitesse d'encochement est plus lente. On peut accélérer cette dernière avec des ressorts. En général, le verrou ne s'emploie pas pour des organes mus rapidement.

127. Pour que l'encochement soit le moins faillible, il faut qu'en général le retenu et le retenant se pressent déjà avant d'arriver à la position relative qui permet leur encochement, car alors, à l'instant où cet encochement est possible, il commence.

128. Après tout ce que nous venons de dire, on reconnaît que le mécanisme du balancier (fig. 89) est une *détente à trois stations*, ayant pour un même retenu trois *coches*, savoir : les coins inférieurs des nez H, I, et le coin supérieur du nez F ; — ayant trois retenants, L, N, G ; — ayant son retenu ou balancier aboutissant, après trois décochements, à une position dans laquelle il est arrêté contre la pièce Z ; — ayant un poids en excès, du côté droit du balancier, pour magasin, et le chariot pour remonteur.

Chacun des retenants est décoché avec un supplément de course, et le remontage se fait également avec un semblable supplément. Il saute aux yeux que le retenant g, en effectuant ce dernier supplément et en revenant ensuite un peu en recul, ne saurait produire un effet nuisible. L'arbre à excentriques, avec son mécanisme du tambour à évidements, de l'impulseur, de l'amorceur, du retenant g, etc., ne représente-t-il pas *des détentes en série circulaire?* —La figure 87 représente le retenant servant à quatre coches d'un même retenu qui, par suite de leur mouvement circulaire, se représentent périodiquement. La figure 88 représente le magasin. Quand le retenant a ouvert le magasin par décochement, celui-ci cause l'amorcement, c'est-à-dire le contact entre le tambour à évidements et l'impulseur. Dès ce moment ce n'est plus un détendement qui s'opère, c'est un mouvement régulier mû par le moteur en travail et non par un travail accumulé se dépensant. Lorsque le tambour approche de la fin de son quart de tour, l'un des tourillons c, d, e, f, vient remonter le magasin ou l'amorceur, et le retenant se trouve en correspondance avec une nouvelle coche. —Ici encore les suppléments de course du retenant sont nécessaires, la raison en est évidente.

Dans les mécanismes représentés par les figures 88 *bis* et 89 *bis*, il y a une détente circulaire en deux évolutions par tour; le ressort F est le magasin, le manchon C est l'impulseur, le tourillon H est le retenu, et la pièce I est le retenant.

129. Le lecteur a sans doute retenu cette remarque, que le sens dans lequel s'opère le déplacement relatif du retenant et du retenu, c'est-à-dire le décochement ou l'encochement, doit toujours être à très peu près perpendiculaire au sens dans lequel s'opère ce détendement ou le remontage sur le retenu.

On ne concevrait pas, en effet, qu'il n'en fût pas ainsi. Tous les systèmes d'ajustements qui ne s'appuient ni sur les propriétés du frottement, comme les clous, ni sur des propriétés chimiques, suivent les mêmes principes; la cheville du charpentier, qui lie deux grosses pièces de charpente, s'enfonce perpendiculairement au sens dans lequel ces pièces subissent des efforts; —la clanche et le verrou d'une porte sortent de leur encastrement dans le mur, dans des sens perpendiculaires à celui dans lequel cette porte s'ouvre. — Les jeux de détente. sont des combinaisons comparables à ces combinaisons compliquées d'*ajustages par situation*, qui peuvent être annulés complétement par l'écartement d'une cheville ou d'une autre pièce dans le sens perpendiculaire au sens dans lequel cette cheville ou cette autre pièce résiste aux efforts pour lesquels elle est établie.

130. Il est bon (fig. 89) que le crochet ou retenant G soit fortement prononcé dans sa longueur de nez *a b*, afin que le compteur puisse lui faire faire une grande course tout en l'amenant au-dessus du nez E dans le cours de la première période. Lorsqu'un retenant tel que G se décoche très lentement par l'action continue d'un mouvement rapide tel que celui de l'arbre moteur du métier automate, il peut arriver qu'une vibration, qu'un rien puisse faire devancer le décochement complet d'un millimètre, ce qui, dans le cas où le décochement ne se ferait qu'avec une faible course, correspondrait à un grand parcours du mouvement rapide de commande, et pourrait introduire des irrégularités regrettables dans la torsion du fil. Cette irrégularité de décochement pourrait même donner lieu à un décochement du retenant G avant la première évolution si la seconde période était établie très courte, c'est-à-dire si la torsion supplémentaire était presque nulle, et dans ce cas il y aurait dans le métier des accidents et des causes d'arrêts très fâcheux. — Si l'on voulait supprimer complétement la troisième période et effectuer, par conséquent, d'un seul coup la première et la deuxième évolution, on pourrait supprimer le crochet G, mais il en résulterait une évolution contrariée un instant par le deuxième nez du tambour à évidements. Il est vrai qu'on pourrait, dans ce cas, prolonger simplement le nez *a* (fig. 87) jusqu'au cercle D, mais ce serait toujours une opération de montage trop longue. — Dans les métiers actuels, le nez *b* de la figure 87 et le crochet G de la figure 89 n'existent pas ; le nez *a* est prolongé en permanence jusqu'au cercle D, et on a établi, pour l'arrêt de la première évolution et la mise en train de la deuxième, l'ingénieux dispositif que voici : Soient (fig. 91) E l'arbre à excentriques porteur du tambour à évidements ; A un arbre commandé par le compteur ; B un disque fixé sur cet arbre, et dans lequel on a pratiqué une échancrure C ; D un levier fixé sur l'arbre E. — Les choses sont disposées de façon qu'à la première évolution l'arbre à excentriques, au lieu d'être arrêté par un nez de son tambour à évidements, le soit par la rencontre du levier D avec la paroi du plateau B ; le plateau B tournant dans le sens *b*, par exemple, et le levier dans le sens *a*. La deuxième évolution ne s'effectue qu'au moment où le levier D est en regard de l'échancrure C, au travers de laquelle il peut passer sous l'action d'abord de l'amorceur, ensuite de l'impulseur. — En rendant fixe le plateau B dans la position où l'échancrure C peut laisser passer le nez D, et en supprimant, par conséquent, l'action du compteur, on peut supprimer la deuxième période et laisser s'effectuer d'un seul coup les deux premières évolutions. — C'est le plateau B qui fait ici l'office de retenant, et le levier D celui de retenu ; le retenant est décoché quand l'échancrure C se présente. Avec cette disposition, le balancier (fig. 89) tombe immédiatement du

retenant **L** sur le retenant **N**, et pendant la seconde période le retenant *g* (fig. 87) est sans fonction, mais situé entre les cercles **C, D.**

131. Soient un rochet **B** à quatre dents (fig. 92) sur un arbre **A**, et une espèce de cliquet **C** sur lequel appuie une dent de ce rochet. — On pourrait appliquer ce dispositif en place de celui du nez et du retenant de la figure 87, de la manière suivante : La flèche *a* représentant le sens de rotation, il n'y aurait qu'à attacher le cliquet à un léger ressort **E** le sollicitant dans le sens *b*; en soulevant le cliquet **C** pour le laisser retomber immédiatement, une évolution s'effectuerait, et avant la fin de cette évolution, le cliquet serait retombé sur le rochet et par suite arrêterait l'arbre à excentriques par la dent suivante du rochet. — Pareil mouvement se reproduirait à la fin de chaque période par des mécanismes très simples. Ainsi, on pourrait établir le cliquet **C** fixement sur un arbre **D** qui longerait toute la têtière ; à chaque extrémité de la course du chariot on disposerait solidement sur cet arbre un petit levier horizontal **F** (fig. 92 et 93) et sur un tourillon **G** lié au chariot on suspendrait follement une petite mèche inclinée *e* laquelle s'appuyant contre une pièce *f* fixée au chariot, viendrait abaisser brusquement le levier **F** (le chariot marchant dans le sens *g*), et le libérer après son passage qui serait presque instantané; il en résulterait une évolution. Quand le chariot repasserait en retour, la mèche *e* serait soulevée par le levier **F** puisqu'elle ne serait plus arrêtée, dans le sens de ce soulèvement, par la pièce *f* et aucune action ne serait, par conséquent, exercée par la mèche sur le levier **F**. — On pourrait ainsi établir deux mèches pour la première et la quatrième évolution ; la première mèche agirait à la petite têtière à la fin de la première période, et la seconde, à la grande têtière, à la fin de la quatrième période. — D'autres dispositions plus ou moins semblables pourraient être réalisées pour les deuxième et troisième évolutions.

Un inconvénient très grave est attaché à ce genre de dispositif : un mouvement oscillatoire imperceptible dans le chariot, provenant soit de variation de vitesse dans le moteur, soit de circonstances momentanées, peut ralentir la vitesse du chariot et par conséquent de la mèche par rapport au mouvement moteur, juste au moment du passage de cette mèche sur le levier **F**; l'évolution peut alors ne pas être arrêtée par le retour du cliquet **C** lequel peut être en retard. Si, pour éviter cet accident, on donne peu de course oscillatoire au point du levier **F** sur lequel agit la mèche, il peut arriver, par une vibration ou une oscillation verticale du chariot, que le décochement du cliquet ne s'opère pas entièrement et alors on risque d'autres accidents.

En général, *les mouvements alternatifs rapides, dont la commande est imposée aux mèches, pour des décochements ou des remontages, sont susceptibles de faillir et doivent être évités.* — L'ancien métier Parr-Curtis (1854) avait de ces mouvements et a été surtout abandonné à cause d'eux. — Les mèches doivent causer des mouvements alternatifs intermittents, c'est-à-dire à *points bien morts,* et alors les détentes peuvent n'être pas susceptibles de rater pour des variations de un ou deux millimètres dans les chemins que les mèches font parcourir à leurs parties mobiles.

132. D'après tout ce que nous avons dit, 1° de l'arbre à excentriques, commandant les positions des manchons d'embrayage et en général des pièces alternativement solidaires ou indépendantes d'autres pièces ; 2° du mécanisme du balancier ; 3° des détentes et mèches ; nous pouvons dire que le système distributeur que nous avons exposé est lui-même toute une machine dont les objets de traitement sont les manchons d'embrayage, les roues, etc., désignées à la fin du n° 119 ; — dont les opérateurs sont les excentriques de l'arbre à excentriques et les leviers que ces excentriques commandent ; — dont les mécanismes sont les jeux de détente ; — dont le mouvement moteur, qui est celui du métier lui-même, n'est mis en usage que *sur l'ordre* des opérateurs du métier arrivant aux fins de périodes ; *ordre* qui se transmet, comme on a vu, par des mèches produisant des décochements. Les mécanismes distributeurs, dans leur origine, étaient bien loin de la perfection de celui que nous avons exposé ; le moteur n'était pas directement utilisé ; chaque organe à embrayer ou débrayer, était lié à une détente spéciale, indépendante des autres ; les opérateurs étaient chargés, non-seulement de décocher (ou de donner un ordre), mais encore de remonter les détentes ; on comprend immédiatement combien il devait y avoir d'obstacles à opérer certains remontages quand on ne pouvait utiliser pour cela que des opérateurs commandés par des organes à friction ou des organes faibles et élastiques. — Ainsi, s'agissait-il de débrayer les scroles à la fin de la rentrée du chariot ; le chariot, par une mèche quelconque, venait butter contre un levier qui débrayait ce manchon, encochait du même coup le retenant de la détente à laquelle il était lié et *remontait* le magasin de cette détente. Eh bien, puisque le chariot devait commander ce remontage et, par conséquent, suivre la course de remontage avec le supplément de course, il arrivait que le manchon de scrole était débrayé avant que le chariot ne fût entièrement rentré ; or comme les scroles commandent la rentrée du chariot, celui-ci ne pouvait achever sa course que par sa puissance vive. Le lecteur devine quelles difficultés cet état de choses entraîne : que le moteur se meuve un peu plus vite ou un peu moins vite et le chariot vient choquer plus ou moins fort contre les sentinelles. — Si, pour éviter

ce résultat, on ne fait débrayer les scroles qu'au dernier moment, il faut un choc à la fin de la rentrée du chariot, et alors les moindres variations dans cette rentrée du chariot, peuvent faire que le débrayage des scroles ne soit pas complet et que la sortie du chariot soit ensuite contrariée par l'embrayage des scroles. — Si, au lieu de disposer la détente du manchon de scrole de manière qu'il faille la *remonter pour débrayer*, on la disposait de manière qu'il faille simplement la décocher pour ce débrayage, l'inconvénient signalé serait supprimé à la fin de la quatrième période, mais il serait transporté à la fin de la troisième période où il serait encore pire puisque, dans cette dernière, les organes qui se meuvent sont beaucoup plus délicats et beaucoup moins lourds que le chariot. — Des difficultés semblables se reproduisent pour le mouvement de la friction du dépointage (110). La courroie motrice seule peut avoir une détente remontée par le chariot, et encore aime-t-on opérer ce remontage par le moteur.

Qu'on joigne à ces inconvénients celui des détentes ne fonctionnant pas avec une parfaite simultanéité dans une même évolution, et on se fera une idée des innombrables difficultés que présentait le système adopté primitivement pour distribuer les mouvements.

133. Mais, s'est-on dit, si au lieu de causer le remontage des détentes par le choc des mèches du chariot, on les remontait par le détendement d'autres détentes lesquelles, n'ayant pas d'autres fonctions, pourraient être remontées lentement pendant les autres moments de l'aiguillée, on n'aurait plus les mêmes inconvénients à redouter : cette idée réalisée a été couronnée de succès; la machine s'est beaucoup compliquée, mais elle a pu fonctionner d'une manière satisfaisante. — Les dispositions réalisables d'après ce principe sont infiniment nombreuses, mais les détentes qui doivent remonter d'autres détentes doivent nécessairement agir sous l'action d'un travail accumulé plus considérable que celui qu'elles sont destinées à accumuler dans ces autres détentes.

Deux détentes ainsi combinées forment ce que nous nommons des *détentes conjuguées*.

134. La série de ces idées a conduit aux *détentes à double jeu* alternatif dont voici le principe.

Soient (fig. 94) C D une tringle sur laquelle sont disposés deux ressorts *g*, *h* à boudin, concentriques à cette tringle et s'acculant l'un contre une bague *i*, l'autre contre une bague *j*, ces deux bagues étant fixées sur la tringle ; A et B deux leviers crochets ou retenus, s'articulant aux extrémités C, D, de la tringle C D ; — *n a b c d e f m* une surface formant deux paires de retenants ou de coches opposées *b c, e d, a n, f m.* — La distance *c d* des deux coins inférieurs est plus petite que la distance des extrémités des deux retenus. La tringle C D repose par ses extrémités sur la surface *c d* et peut se déplacer sur cette dernière dans les sens *o, l.* Soit E un anneau attaché au chariot et enveloppant la tringle C D sans la serrer.

Considérons le retenu B appuyé contre le coin ou la coche *e d,* le retenu A appuyé sur la surface *a b* et le chariot se mouvant dans le sens de la flèche *l :* l'anneau viendra comprimer le ressort *h.* Concevons actuellement qu'une mèche inclinée fixée au chariot vienne agir de bas en haut sur le retenu B de manière à le décocher pendant le mouvement du chariot : il arrivera qu'aussitôt le décochement opéré, le système de la tringle, sous l'action du ressort ou magasin *h,* se transportera promptement dans le sens de la flèche *l* jusqu'au point où le retenu B viendra s'appuyer contre la coche *f m ;* simultanément, le retenu A sera tombé dans la coche *b c* avec un petit supplément de course. Le chariot reprenant ensuite sa course dans le sens de la flèche *o,* l'anneau E abandonne le ressort *h,* et, arrivé à l'autre extrémité, le chariot, par son anneau E et une deuxième mèche inclinée, peut produire un semblable effet symétriquement sur le crochet A et sur le ressort *g,* de manière à ramener la tringle à sa position précédente dans laquelle les extrémités des retenus étaient contenues dans les coches *n a, e d.*

Le principe de ce mécanisme se retrouve sous de très nombreuses formes différentes. On saisit immédiatement qu'il peut être facilement employé pour la main-douce, les cylindres et les scroles. Comme on voit, on met ici à profit du travail développé par la main-douce pour l'emmagasiner lentement et l'utiliser en temps et lieu, moyennant de simples décochements.

135. *Les mécanismes distributeurs représentent* (qu'on nous permette cette comparaison pour les métiers automates) *une administration plus ou moins centralisée :*

(A) — Si tous les mouvements des métiers automates pouvaient s'accomplir dans un temps rigoureusement assignable et en dehors de toute influence d'élasticité, on pourrait donner lieu aux diverses distributions par un système d'excentriques mus par le moteur, comme celui de la figure 86, et *mis en jeu* ou *décochés,* pour chaque évolution, par des compteurs commandés eux-mêmes par les poulies motrices. En pareil cas, les distributions seraient *entièrement centralisées* et elles supposeraient une rigueur mathématique qui n'existe pas dans les métiers automates.

(B) — Si les mêmes excentriques mus par le moteur, au lieu d'être mis en jeu ou décochés par des compteurs mus par ce moteur, sont mis en jeu ou décochés par des mèches attachées aux opérateurs et produisant chacune les décochements par l'arrivée de leur opérateur respectif au bout de sa course assignée, les glissements, absences de rigueur, influences d'élasticité, etc., sont prévus, englobés dans le mouvement et ne peuvent point apporter de désaccord dans la machine. En pareil cas, *les distributions sont centralisées, seulement quant à la force motrice qu'elles exigent, et elles sont décentralisées quant à leur mise en jeu, quant à leurs décochements*, parce qu'on peut alors les considérer comme obéissant aux ordres des opérateurs, tandis que, dans le cas précédent, ces derniers semblent sans réaction possible *sur la direction* de la machine.

Les figures 86, 87, 88, 89 représentent un de ces derniers systèmes distributeurs.

(C) — Si les distributions se font sans le concours direct du moteur, par la force motrice et le mouvement des opérateurs eux-mêmes, faisant tantôt des remontages, tantôt des décochements de détentes, les distributions sont complétement *décentralisées*. Dans ce cas les opérateurs subissent, comme on sait, des obligations qu'ils ne remplissent pas parfaitement.

(D) — Si le système *décentralisé* (C) est employé pour une partie des distributions et le système (B) *centralisé quant à la force motrice et décentralisé quant à la mise en jeu*, pour une autre partie des distributions, nous disons que la *distribution est mixte*.

Il y a d'excellents métiers, comme le métier Parr-Curtis, dans lesquels la distribution est mixte, dans lesquels le système (B) n'est employé pour ainsi dire qu'aux distributions qui se font dans le sens du remontage de leurs détentes.

Le système B ne peut pas toujours s'employer au grand complet, parce que, suivant les systèmes de métiers, la poulie folle de débrayage de la machine est entre les deux poulies motrices, et, dans ce cas, l'impulseur ne peut être constamment en mouvement; il faut alors deux impulseurs et en général d'autres dispositions partant toujours, il est vrai, des mêmes principes fondamentaux.

Nous décrirons un système mixte en donnant la description générale d'un métier Parr-Curtis.

Nous croyons que le lecteur a parfaitement compris notre classification des distributeurs.

Il verra, en examinant un certain nombre de systèmes de métiers automates, que, depuis quinze ans, ce qu'on appelle système de métier automate, ce n'est pas ordinairement un système particulier d'organes spéciaux, mais bien une disposition particulière de mécanismes distributeurs. Ainsi, aujourd'hui, les métiers qui sortent des mains de MM. Platt, Parr-Curtis, John Elce, Dobson et Barlow, André Koechlin, N. Schlœmberger, Stéhélin et Cie, Grünn, Thouronde, Rieter, Hartmann, etc., ne diffèrent guère au fond que par leurs distributeurs.

136. Nous avons dit qu'on pouvait considérer les manchons et organes à rendre alternativement solidaires et indépendants d'autres organes, comme les objets à opérer par les mécanismes distributeurs, et *les leviers* qui commandaient les positions de ces organes, comme *les opérateurs de la distribution.* — Nous croyons plaire à quelques-uns de nós lecteurs en nous étendant un peu sur les conditions que doivent remplir *ces leviers opérateurs.*

Rigoureusement parlant, les organes susceptibles d'être rendus indépendants ou solidaires devraient avoir leurs parties mâles et femelles de formes parfaitement juxtaposables, ce qui ne laisserait aucun jeu entre ces parties ; d'autre part, à l'instant de la jonction des parties, il faudrait que les deux organes eussent des positions relatives absolument invariables et parfaitement déterminées, de manière à permettre, sans conflit, la parfaite juxtaposition des parties pénétrantes et pénétrées. En réalité il n'en est pas ainsi, et le rapprochement des manchons n'amenant pas toujours les couronnes en correspondance, ces couronnes peuvent se rencontrer sans se pénétrer et résister au mécanisme qui commande leur jonction. On rend alors *élastique* l'organe qui commande cette jonction, et par ce moyen les deux couronnes *se compriment* pour ne se pénétrer qu'après que le mouvement de celle qui commande a commencé et amené les couronnes en correspondance ; ce mouvement de commande se faisant presque toujours simultanément avec la jonction, il arrive que le moment de la réunion réelle succède à l'opération de jonction, par mécanisme, suivant un retard fort petit et proportionnel à la distance entre le milieu d'une des dents pénétrantes et le milieu de l'intervalle de dents suivant dans lequel cette dent considérée doit pénétrer. Le maximum de cet intervalle est représenté par le pas des dents, et son minimum par zéro.

Par les mêmes raisons que celles qu'on connaît pour le verrou, le loquet du chariot, etc., les dents des manchons doivent avoir un peu de jeu.

Les dents des manchons se saisiront plus tôt et plus facilement si elles sont arrondies ou pointues à leurs extrémités. Si les deux manchons, pendant leur solidarité, se commandent de manière à ce que leurs dents en contact se compriment toujours sur les mêmes faces, on peut constituer leurs couronnes de dents triangulaires comme celles de la figure 95 ; si ces dents peuvent se comprimer dans les deux sens, on peut les établir comme le montre la figure 96 ; ce dernier système de couronne s'emploie pour la commande des scroles, lesquels, sans cela, seraient quelquefois entraînés à la fin de la quatrième période.

Dans l'engrènement des roues d'engrenages, les mêmes raisons que celles avancées pour les manchons subsistent et demandent un peu de jeu, et surtout de l'élasticité dans l'organe qui commande la jonction.

Si les pièces qui commandent la réunion de deux organes à mettre en solidarité, doivent être élastiques pendant cette réunion (pour le verrou et pour le loquet la pesanteur tient lieu de force élastique, elle peut être remplacée ou accrue par un ressort facile à imaginer), il n'en est pas de même pendant la libération, qui doit au contraire se faire promptement et d'une manière rigide; à cet effet, on dispose les pièces qui commandent la mise en solidarité ou en liberté d'un organe, de manière qu'elles ne soient élastiques que dans le sens de la jonction ; *un exemple* entre cent fera comprendre les précautions prises et à prendre à cet égard : Soient (fig. 97) A et C deux arbres portant les roues d'engrenages E, F; D un levier articulé sur l'arbre A et portant, sur un tourillon B fixe sur lui, une roue G qui engrène avec la roue E et avec la roue F. Il s'agit de lever le levier D pour dégrener ou libérer les roues F et G, et de l'abaisser pour les remettre en solidarité de mouvement rotatoire. Soient J K une pièce sur laquelle s'appuie le levier D ; L M un ressort attaché à la pièce JK, et qui comprime le levier D sur l'extrémité de cette pièce J K. Pour dégrener, la pièce J K s'élève; cette opération se fait par organes rigides et peut être prompte; pour engrener, la pièce J K s'abaisse; si les dents des roues G, F, sont en parfaite correspondance, il y a engrènement immédiat, sinon, la pièce JK n'en prend pas moins la position qu'elle doit avoir pendant la solidarité de mouvement des roues G, F, mais le ressort L M cède et tend à l'engrènement qui ne manque pas de se produire immédiatement après, si l'une ou l'autre des roues G, F, est en mouvement.

137. Plus petit est l'angle de deux dents consécutives de la couronne d'un manchon d'embrayage, moins grand est le plus grand retard qu'il lui est possible de faire éprouver entre le moment de sa jonction causée par le distributeur et le moment de sa jonction réelle. Donc, il faut chercher à établir des dents d'un pas faible et des couronnes d'un grand diamètre. Actuellement, et pour fixer les idées, considérons le manchon d'embrayage établi sur l'arbre S (fig. 84) pour la commande des scroles; pourquoi n'a-t-on pas établi ce manchon sur l'arbre V, entre cet arbre et la roue U, de manière à rendre cette roue folle et la roue T fixe sur l'arbre S? C'est que la roue T étant trois fois plus petite, par exemple, que la roue U, tourne *trois fois plus vite*, et que le même man-

chon sur la roue T, au lieu de sur la roue U sera *d'abord* trois fois plus puissant comme effort et, par conséquent, n'aura pas besoin d'être aussi fortement proportionné, et *ensuite* mettra *trois fois moins de retard* entre l'instant de jonction par le mécanisme distributeur et l'instant de jonction réel. Un manchon sur la roue T produira donc le même effet qu'un manchon à dents trois fois plus fortes pour la roue U et muni d'une couronne ayant trois fois plus de dents. — De tout cela, on peut conclure qu'il vaut mieux établir l'embrayage et le débrayage d'un organe quelconque sur les pignons qui, pour la transmission de son mouvement, sont les plus petits et par conséquent marchent le plus vite.

138. Pour arrêter ou mettre en train, débrayer ou embrayer le métier automate, diverses dispositions ont été réalisées : Lorsqu'il y a un *renvoi* et que la poulie folle de débrayage est dans ce renvoi, le débrayage et l'embrayage sont aussi simples que dans toutes les autres machines à une seule poulie motrice. — Lorsque la poulie folle ne se trouve pas disposée entre les deux poulies motrices, mais à côté de la deuxième poulie, on dispose le guide-courroie de façon qu'il soit soumis à un ressort qui le tend à mener la courroie sur la poulie fixe, alors l'excentrique qui donne au guide-courroie ses positions, ou tout autre organe ayant cette fonction, agit sur le guide-courroie *contrairement au ressort* et seulement dans ce sens, de telle manière que par une tringle (dite de débrayage) on peut toujours pousser le guide-courroie sur la poulie folle en tendant le ressort et en encochant ensuite la tringle dans une coche disposée à cet effet à la petite têtière.

Dans le cas où la poulie folle est au milieu, on peut employer avec avantage le dispositif suivant (fig. 98) : Soient A, B, C, les trois poulies ; B la poulie folle, D la fourche qui maintient la courroie ; G une coulisse fixée au bâtis de la grande têtière, F un tourillon traversant cette coulisse ; le levier D E du guide-courroie pivote sur le tourillon F, et le mécanisme qui commande le guide-courroie agit sur ce levier en son extrémité E. Le centre F est relié à une tringle H qui s'étend vers la petite têtière où elle s'accroche sur un nez J par l'un des trois crans ou coches I, L, K, et où elle se termine par une poignée M. Les choses sont disposées de façon que la coche L soit prise pendant que la machine est en mouvement. On voit immédiatement que si le guide-courroie est sur la poulie C, on débraye en accrochant la tringle par son cran K, et que si la courroie est sur la poulie A, on débraye en accrochant la tringle dans le cran I. On pourrait se tromper en débrayant et tirer de manière à jeter la courroie en dehors des poulies ; pour éviter la possibilité de cette erreur, on peut établir aux deux extrémités de course de la fourche D du guide-courroie des buttoirs non figurés qui l'empêchent de dépasser ses positions extrêmes. De cette façon, il serait en effet impossible, à un moment quelconque, de débrayer à l'envers du sens voulu à ce moment.

139. Les cylindres et la main-douce sont embrayés ou débrayés simultanément, au commencement et à la fin de la première période : aussi les a-t-on, dans presque tous les systèmes, soumis au même organe ; cela se fait surtout quand les cylindres commandent la main-douce (117).

Les scroles s'embrayent en même temps que le loquet du chariot se lève ; comme il est dangereux que le loquet ne se lève pas, on a souvent lié le mouvement de soulèvement du loquet directement à l'organe qui cause l'embrayage des scroles, c'est ce qu'on peut appeler une *disposition de sûreté*.

XVII

140. La figure 5 donne les organes essentiels de la plupart des bons métiers réalisés. Ce sont les organes et les dispositions du métier automate que la maison Parr-Curtis (de Manchester) fait depuis plusieurs années.

La figure 99 représente un certain nombre d'organes de la têtière du métier Parr-Curtis.

C, B, A représentent la première poulie motrice (116), la deuxième poulie motrice et la poulie folle de débrayage.

D la roue de la friction pénétrant dans la première poulie motrice C; E une roue solidaire de la poulie B.

L'arbre de retour avec ses roues est caché par les poulies.

F l'arbre des cylindres; G, H la paire de roues qui commande cet arbre par l'intermédiaire d'un manchon I.

J la poulie de torsion (10).

K le compteur.

L l'arbre de main-douce portant sur toute sa longueur des systèmes de poulies à cordes fixes commandant le chariot. M, N une paire de roues reliant l'arbre O à l'arbre L; P, Q une paire de roues reliant l'arbre O à l'arbre qui, par un pignon, commande le secteur R (101).

S l'arbre des broches (10); T l'arbre du barillet (95).

U la baguette; Y le levier de liaison (10); X le levier de règle; V la règle (32). — Z l'arbre des scroles (104).

Les numéros auxquels nous renvoyons, contiennent la description des différents organes que nous désignons.

La figure 100 représente quelques organes du même métier, vus derrière la grande têtière; les mêmes lettres y représentent les mêmes pièces que dans la figure précédente. L'exposé qui suit parle des deux figures à la fois.

B' A' représentent les scroles et contre-scroles.

C' D' la paire de roues qui commande l'arbre Z des scroles.

E' le manchon de scrole qui tourne avec l'arbre F', et qu'il suffit de séparer de la couronne dentée de la roue D' pour rendre cette dernière folle et libérer par conséquent les scroles (116).

L'arbre F' est commandé par l'arbre de retour G', au moyen d'une paire de roues d'angle.

Soient H' un arbre ou manchon à excentriques mû par un impulseur à deux temps du système exposé à la fin du numéro 120, lequel tient son mouvement de l'arbre de retour. Ce manchon ou cet arbre H' fait un demi-tour chaque fois que le chariot arrive à une des extrémités de sa course et, par conséquent, à la fin de la première et à la fin de la quatrième période. — A cet effet, la pièce I de la figure 88 (*bis*) est reliée à un balancier. Chaque fois que le chariot arrive à une des extrémités de sa course, il rencontre par une mèche une pièce inclinée fixée à l'extrémité correspondante de ce balancier, et dès lors il abaisse ce dernier.

Cette pièce H' porte trois excentriques, I', J', K'.

L'excentrique I', par l'intermédiaire d'un levier qui oscille sur le tourillon M³, commande le manchon I, par lequel, à la fin de la première période, il rend l'arbre des cylindres indépendant de la roue G et par lequel, à la fin de la quatrième période, il rétablit la solidarité des cylindres et de la roue G.

Soient L' le guide-courroie; M' le centre d'oscillation du levier qui le porte; N' un prolongement du même levier, portant un tourillon ou galet en regard de l'excentrique J'; S' une branche solidaire du levier de guide-courroie, et dont nous verrons le but tout à l'heure; P' l'arbre du compteur, lequel est porteur d'un secteur Q'; R' O' un levier articulé en O' avec le levier guide-courroie, muni d'une coulisse, par laquelle il glisse en P' sur le canon du secteur Q', et muni enfin à son extrémité R' d'un nez qui s'appuie contre la courbure du secteur Q', quand le guide-courroie est sollicité dans le sens de la flèche *a*.

Soient T' une pièce qui, par son extrémité gauche, glisse dans une coulisse du bâtis, et qui, par son extrémité droite, embrasse la gorge de la friction D et commande la position de cette dernière; — U' un arbre perpendiculaire au plan de la figure et portant un levier V' qui pénètre dans un trou pratiqué dans la pièce T'.

X' un levier fixé sur l'arbre U', s'étendant sur la branche S' en contournant le levier M' L', et portant une vis par laquelle on peut régler à volonté la distance à laquelle le levier X' peut approcher de la branche S'.

Y' un levier vertical fixé sur l'arbre U' se terminant, à sa partie inférieure, par un coin Z' et se reliant, par son extrémité A², à une tringle C² qui s'étend jusqu'à la petite têtière.

E² un anneau fixé sur la tringle C²; G² un anneau mobile sur cette tringle; F² un ressort en hélice, concentrique à la tringle, et opposant une résistance énergique au rapprochement des anneaux G², E²; H² un autre anneau fixe sur la tringle C². Cette tringle glisse encore, par son extrémité droite, dans un coussinet qui la maintient à sa hauteur actuelle tout en lui permettant de se déplacer.

I² un tourillon fixé à la petite tétière et portant un levier à deux branches, dont l'une porte un porte-galet J² et l'autre K², s'arrête entre les anneaux G², H².

L² un tourillon fixé au châssis et portant un levier M² qui, par une bielle N², se relie, par articulation, avec le levier de liaison Y; ce même levier M² porte encore un galet O² et se termine par deux branches en mâchoire P².

La chaînette Q², qui relie la virgule de l'arbre S au baisse-baguette R², passe sous le galet O².

S² un arbre qui va de la grande à la petite tétière, qui porte un balancier Y², dont une extrémité B² peut se trouver sous le coin Z¹ du levier Y¹, et dont l'autre extrémité saisit le manchon E¹ des scroles. Cet arbre, par un ressort disposé à la petite tétière, est sollicité dans le sens de la flèche *b*; il porte à la petite tétière un levier qui soulève le loquet du chariot en même temps que les scroles s'embrayent; c'est une disposition de sûreté.

T² centre d'oscillation d'un levier commandé par l'excentrique K¹ et dont une extrémité Y² se prolonge de l'autre côté du bâti Z². Cette extrémité est destinée à embrayer et débrayer la main-douce à la fin de la quatrième et à la fin de la première période, au moyen d'un mécanisme du genre de celui de la figure 97; la roue de commande étant solidaire de la roue G qui est montée sur l'arbre des cylindres.

U² tourillon fixé au levier Y²; X² bielle s'articulant à sa partie inférieure avec le balancier S² et se terminant en V² par une coulisse dans laquelle s'engage le tourillon U².

Quand les mains-douces sont embrayées, l'extrémité Y² est abaissée et le tourillon U² est élevé. A ce moment, la bielle X² repose par le haut de sa coulisse sur le tourillon U² et les scroles sont débrayés, puisque la partie gauche du balancier des scroles occupe sa plus haute position. Quand les mains-douces sont débrayées, le tourillon U² est un peu abaissé dans la coulisse V², et les scroles peuvent être, comme on veut, embrayés ou débrayés. Il y a là, comme on voit, une disposition de sûreté (139).

141. Avant la fin de la première période, les différents organes dont nous venons de parler occupent les positions qui leur sont données dans les

figures 99 et 100 ; la friction D est débrayée ; la courroie marche sur la première poulie C.

Quand le chariot arrive au bout de sa course, la mâchoire inclinée P^2 du levier M^2 saisit le galet J^2 et l'abaisse en le faisant rouler sur sa paroi intérieure supérieure ; l'effort nécessaire pour cela est supporté par le levier de liaison s'appuyant contre le galet du levier de règle. — Par l'abaissement du galet J^2 l'anneau G^2 se trouve poussé vers la gauche, pressé qu'il est par la branche K^1, le ressort F^2 se bande, la tringle C^2 presse le levier Y^1 dans le sens c, le levier X^1 par sa vis presse la branche S^1, le guide-courroie se trouve sollicité dans le sens a et retient le système des pièces précédentes par le nez R^1 de la petite bielle $R^1 O^1$, s'appuyant contre la courbe du secteur Q^1 du compteur. — Au moment où le chariot atteint le bout de sa course, il s'encoche dans son loquet, il presse un balancier qui fait marcher d'un demi-tour l'arbre à excentriques ; dès lors l'excentrique I^1 débraye les cylindres, l'excentrique J^1 se pose de manière à laisser au guide-courroie la possibilité de se mouvoir dans le sens a ; l'excentrique K^1 débraye les mains-douces, et par conséquent, laisse le balancier des scroles libre de s'abaisser. Ce dernier s'arrête alors par son extrémité B^2 contre le coin ou la coche Z^1 qui ne permet pas l'embrayage des scroles.

La première évolution effectuée, la deuxième période s'effectue.

Quand le compteur a amené son secteur Q^1 à l'endroit où le nez R^1 ne peut plus s'appuyer sur lui, la deuxième évolution a lieu ; le guide-courroie cède à la pression des pièces X^1, Y^1, C^2, K^2, etc., il se meut vers la droite jusqu'à ce que son tourillon N^1 ait rencontré l'excentrique J^1. Par ce mouvement, le levier Y^1 se déplace et la friction D pénètre dans la poulie C. La vis de la branche X^1 permet de régler les pièces de manière que la friction *ne prenne* que quand la courroie est presque entièrement passée sur la deuxième poulie B. Dans ce mouvement l'extrémité A^2 s'est rapprochée de l'extrémité B^2. On voit que c'est le ressort F^2 qui exerce la pression nécessaire à la friction D.

La troisième période arrive à sa fin quand le levier Y passe sur le galet du levier de règle. Ce passage s'opère sous l'effort 1° d'un ressort spécial qui sollicite le levier de liaison dans le sens d ; 2° de la tension de la chaînette Q^2 ; 3° de la réaction du ressort F^2 (pendant un moment). Par ce passage, le galet J^2 s'élève, la branche K^2 rencontre l'anneau H^2 et le repousse fortement en arrière. Cet anneau étant fixe sur la tringle C^2, tire cette dernière, et, par suite, le levier Y^1 dans le sens e. Il en résulte un recul de la friction D *plus* que suffisant pour son débrayage, un décochement du coin Z^1, et par conséquent, la libération complète du balancier de scroles et de l'arbre S^2. Dès lors celui-ci obéit au ressort qui le sollicite, et embraye les scroles en même temps qu'il soulève le loquet du chariot. La troisième évolution se trouvant ainsi opérée, le chariot rentre. Pendant cette rentrée, l'équilibre naturel des pièces J^2, C^2, Y^1, X^1 fait appuyer la piéce Y^1 contre l'extrémité B^2.

Quand la quatrième période arrive à sa fin, le levier de liaison est repoussé (10); le chariot, par une mèche agissant à l'autre bout du balancier signalé déjà pour la première évolution, donne lieu à un nouveau demi-tour des excentriques. Dans ce demi-tour, l'excentrique I^1 réembraye les cylindres; l'excentrique K^1 embraye les mains-douces, et du même coup, soulève le balancier S^2, débraye les scroles, abaisse l'extrémité B^2 au-dessous du coin Z^1; l'excentrique J^1 ramène le guide-courroie sur la première poulie motrice C; après cela, la première période recommence. L'équilibre naturel des pièces J^2, C^2, Y^1, X^1 *ramène*, pendant la première période, la coche Z^1 au-dessus de l'extrémité B^2, mais sans la toucher, car il ne faut pas que des dérangements insensibles puissent contrarier ce retour : si, d'ailleurs, ce retour ne se produisait déjà pas par la simple pesanteur, la pression du ressort F^2 le produirait dès que le chariot arriverait vers le bout de sa course, et, par conséquent, avant la première évolution, laquelle, comme nous l'avons dit, laisse le balancier s'appuyer contre la coche Z^1. Au commencement de la première période, le guide-courroie s'appuie par son levier N^1 contre l'excentrique J^1; cet appui cesse d'être nécessaire après que le premier tiers de la sortie du chariot est parcouru, car à ce moment le secteur Q^1 du compteur passe sous le nez R^1. On ne voit pas de ressort qui sollicite le guide-courroie, mais sa position n'en est pas moins très déterminée à tout moment; en effet, pendant les deux premières périodes, le guide-courroie ne peut s'en aller *à gauche*, puisque dans ce sens il est arrêté par l'extrémité droite de la coulisse de la pièce $O^1 R^1$; pendant la première période, il ne peut aller à droite, puisque l'extrémité N^1 butte par son tourillon contre l'excentrique J^1, et il ne peut aller *à droite* pendant la seconde période, puisque depuis après le premier tiers de la sortie du chariot jusqu'à la fin de la seconde période, il est arrêté dans ce sens par le nez que la pièce $O^1 R^1$ porte en son extrémité R^1, lequel nez s'appuie contre le secteur Q^1 du compteur.

Nous ne parlons pas des dispositions du secteur, du barillet, de la virgule, des platines, etc., etc.; elles ont été données dans tout le cours de cet ouvrage avec tous les développements qu'elles comportent. Les proportions mêmes des figures 94 et 95 ne sont pas à considérer comme exactes, mais comme adoptées en vue de former des figures très intelligibles des combinaisons d'un métier. Ces figures ne représentent que ce qui caractérise tout particulièrement le métier Parr-Curtis.

Pour arrêter et remettre en train ce métier, on dispose le guide-courroie sur un levier à part, pivotant également sur le centre M¹, mais susceptible d'être attaché ou détaché du levier M¹ O¹ moyennant une simple disposition d'encochement.

Généralement, le métier Parr-Curtis a son mécanisme d'arrêt ou de mise en train dans un renvoi, et, par suite, on n'y voit pas la poulie A.

142. On reconnait que le levier de règle remplit les fonctions de *retenant* par rapport au levier de liaison qui porte une coche ; c'est une détente. Le jeu de détentes qui commande la friction D est extrêmement ingénieux (123).

Le chariot arrivant au bout de sa course *remonte* le *magasin* F² par la mâchoire P², qui fait l'office de *remonteur*. Par l'intermédiaire des pièces C², Y¹, X¹, S¹, O¹R¹, le ressort F² est le magasin d'une détente constituée par la pièce O¹R¹ faisant l'office de *retenu*, et la pièce Q¹ faisant l'office de retenant. Le mouvement du retenant produit le décochement du retenu qui obéit alors au magasin ; il se produit alors le déplacement de la courroie et l'embrayage de la friction. — La fin du dépointage est provoquée par le détendement de la détente constituée par les pièces Y et X. Ce détendement détend le magasin F², et en poussant l'anneau fixe H², débraye la friction D. — On voit que tout ce jeu de détente constitue une détente à double jeu.

A la fin de la première évolution, le balancier de scroles, abandonné à lui-même, constitue avec le levier Y¹ une détente pour le décochement de laquelle, à la troisième évolution, on utilise l'excès de mouvement donné à l'anneau H² pour le débrayage de friction exposé tout à l'heure.

L'arbre à excentriques, à la quatrième évolution, en débrayant les scroles, remonte le *magasin* de leur balancier.

En résumé, il y a deux détentes qui sont remontées par le chariot, savoir, celle des pièces Y, X et celle constituée par les pièces J², K², F², C², Y¹, X¹, S¹, O¹R¹, Q¹ ; il y a une détente remontée par l'arbre à excentriques, et, par conséquent, directement par le moteur, c'est celle constituée par les pièces S² B², Y¹ ; l'embrayage et le débrayage des mains-douces et cylindres se font directement par les excentriques K¹, I¹. Toutes les parties sont d'ailleurs élastiques pour l'embrayage et rigides pour le débrayage. — Le lecteur reconnaît bien à ces signes que les distributeurs du métier Parr-Curtis rentrent dans le système que nous avons appelé mixte,

143. Considérez un métier ayant le dispositif moteur de la figure 85 (116) ; — ayant pour distributeur le système des figures 86, 87, 88, 89, 91 (nᵒˢ 120 et 130) ; — ayant pour la virgule et le barillet les dispositifs des figures 69 ou

70 (93) et 72 (95); — ayant un arbre de couche muni tout le long du porte-cylindres de mains-douces sans cordes-fixes (100, 101, 102, 103), et vous aurez une idée assez exacte des caractères généraux du métier automate que construit la maison Platt, d'Oldham. Ce métier n'emploie pas les mains-douces à cordes-fixes, parce que son mouvement distributeur est trop susceptible de rater; c'est là son côté désagréable et qui ne lui permet pas d'arriver à avoir un chariot très long aussi facilement que le métier Parr-Curtis.

Le métier Platt a pour levier de liaison et levier de règle, ainsi que pour lier ces leviers au balancier qui met en jeu son système distributeur, un dispositif que nous devons citer.

Soient (fig. 101) R le plancher de la têtière; U l'extrémité du balancier déjà décrit au numéro 121 avec la figure 89; cette extrémité et ses accessoires portent les mêmes lettres que celles qui leur ont été attribuées dans la figure 89; AB le châssis; CD la règle; — ici la règle et ses accessoires ne sont plus sur le sol, mais supportés par les bâtis de la têtière à travers le châssis; — la petite têtière est située à droite de la ligne T.

Soient E la baguette munie d'un pignon; F une roue dentée sur un certain arc du côté du pignon de baguette avec lequel elle engrène; cette roue F, de l'autre côté, est unie, sauf en G où elle porte une échancrure ou coche; L^1 un levier portant, à sa partie inférieure, un galet J^1 qui roule sur la règle, et terminé, à sa partie supérieure, par un crochet K^1 qui s'appuie sur le contour de la roue F; H^1 I^1 une bielle qui, par son extrémité I^1, s'articule avec le levier L^1, et par son extrémité H^1, pivote sur un tourillon fixé au châssis. Le levier L^1 porte une branche M^1 arrondie à sa partie supérieure, et qui passe, en contournant la roue F, au-dessus du canon de cette roue, sans cependant toucher ce canon.

Soient Q^1 un support ou bâti de la petite têtière; N^1 un levier horizontal pivotant sur un tourillon R^1 fixé au bâti Q^1, s'appuyant par son poids sur un nez O^1 fixé au bâti; P^1 un ressort attaché au bâti et comprimant le levier N^1 sur le nez O^1; S^1 T^1 une tringle s'articulant en S^1 avec le levier N^1 et en T^1 avec le crochet N.

Quand le chariot arrive au bout de sa course, le levier N^1, courbé en dessous, passe sur la branche M^1 qui le soulève; ce mouvement se transmettant au crochet N, celui-ci passe sous le nez I (dans ce métier le crochet N n'est jamais en contact du crochet J, mais, pour être autrement mû, sa fonction n'en reste pas moins la même).

Quand le chariot, atteignant le bout de sa course, repousse le crochet J, le balancier tombe d'abord sur le mécanisme du compteur (130) (fig. 91), puis, à la seconde évolution, sur le crochet N, qui retient le nez I; la baguette s'abaisse alors par le mécanisme dont plusieurs fois déjà nous avons parlé; par cet abaissement, la roue F tourne dans le sens *a*, et au moment où le crochet K¹ se trouve en regard de la coche G, il y pénètre, pressé qu'il est par le levier N¹, transmettant la pression du ressort P¹ à la branche M¹ du levier L¹. Le levier N¹, en s'abaissant, décoche le crochet N, fait tomber le balancier et provoque la troisième évolution.

Voici comment se fait le mouvement du loquet de chariot :

Soient U¹ V¹ le loquet, ayant sa coche en dessus, et pivotant en son extrémité V¹ sur un tourillon fixé au bâti ; Z un ressort fixé au bâti et sur lequel s'appuie le loquet ; X¹ un tourillon fixé au loquet et traversant la coulisse d'une pièce Y¹Z¹ articulée en Z¹ avec le balancier. Le tourillon X¹, pendant la première période, occupe environ le milieu de la coulisse de la pièce Y¹Z¹. Un nez attaché au chariot vient à la fin de la première période abaisser d'abord le loquet et puis se prendre dans l'encoche de ce loquet. Après les deux premières évolutions, le balancier s'étant abaissé à deux reprises, le fond de la coulisse de la pièce Y¹Z¹ vient toucher le tourillon X¹. A la troisième évolution, le balancier s'abaissant encore, abaisse le loquet, et décroche, par conséquent, le chariot.

A la fin de la quatrième période, un nez X, disposé sur le levier L¹, vient rencontrer une pièce inclinée Y qui soulève le levier L¹, décroche, par consé-quent, le crochet K¹ et donne lieu à la relevée de la baguette. — Ce dispositif a le défaut de ne pas permettre de varier le moment où commence la relevée de la baguette (91).

144. Les deux métiers Platt et Parr-Curtis ont conservé la commande de l'arbre des broches, par corde. MM. N. Schlumberger, de Guebwiller, ont établi une commande par arbre cannelé agissant sur une douille également cannelée, laquelle suit le mouvement du chariot, et imprime, par des engrena-ges, le mouvement rotatoire à l'arbre des broches. Cette disposition, excellente dans son principe, est extrêmement mauvaise quand la machine commence à s'user d'une manière sensible.

On reproche aux cordes leurs glissements sur les poulies, leur allongement et le travail qu'elles consomment. Pour obvier aux glissements, on fait usage de ces *gorges en coin* que tous les industriels connaissent, et de plus on fait passer deux fois les cordes sur les poulies qu'elles lient de mouvement et, par suite, on donne deux gorges à ces poulies, et on installe des poulies spéciales de renvoi.

Dans le métier Parr-Curtis, on a fait passer la corde de torsion deux fois sur tout son parcours; et pour cela on n'a pas appliqué deux cordes, mais une seule corde qui, après avoir fait un premier parcours complet, change de gorge en revenant de la petite à la grande tétière. Nous ne nous arrêtons pas sur cette disposition, qui est très connue, mais nous voulons faire ressortir que, comme elle donne à la corde deux fois plus de longueur, elle donne une mesure double à son élasticité et que, par conséquent, on risque moins, en la tendant, de lui faire atteindre sa limite d'élasticité dans les moments où les pièces usées et tournant, comme on dit, *faux-rond*, lui font éprouver des alternatives d'allongement et de détension.

145. Nous avons peu parlé de l'étirage supplémentaire. Ce genre d'étirage est encore peu appliqué aux métiers automates, mais quand on l'applique, on doit établir une évolution de plus dans le mécanisme distributeur. Nous ne croyons pas nécessaire de décrire les dispositions réalisées pour cela; le lecteur les trouvera facilement lui-même.

XVIII

146. On combine assez rapidement une têtière quand on a l'habitude des machines ; mais ce qui est vraiment long à établir, c'est la disposition de tous les organes, parce que leur grand nombre amène beaucoup d'embarras de place. Généralement, le mécanicien qui combine une têtière, commence par dessiner le plan et la section du châssis sans dessiner tous ses détails de construction ; puis, également sans grands détails de construction, il dessine la grande et la petite têtière. Des questions de proportions, de commodité, de réglage, etc., peuvent donner lieu ensuite au déplacement d'une ou plusieurs pièces. Il en résulte souvent un remaniement général de toutes les parties, et ce remaniement, qui entraine quelquefois la modification des principes mêmes de la combinaison que le mécanicien veut réaliser, peut se répéter plusieurs fois jusqu'à ce que toutes les pièces étant dessinées dans leurs détails de construction, les nombreuses conditions de détail que doit remplir un métier automate soient suffisamment remplies.

Suivant les diverses combinaisons des mécanismes qui composent un métier, et aussi suivant les précautions de construction prises, les accidents auxquels ils sont sujets peuvent varier beaucoup, aussi peut-on fort justement dire que les divers systèmes de métiers ont des caractères qu'il faut connaître pour arriver à les régler et à corriger promptement leurs défauts. Ce qui rate ou casse dans un métier, ce n'est pas ordinairement un mécanisme essentiel, mais un des organes qui contribue à la distribution des mouvements, une mèche, une détente, etc. ; ces organes manquent leur effet, ordinairement, quand ils sont entachés de l'un quelconque des défauts que nous avons discutés dans le chapitre XVI.

147. Le métier automate doit être monté sur un sol rigide, parce qu'il est grand et parce qu'il a une de ses parties fort pesante, le chariot, qui se déplace presque continuellement et qui, si le sol est flexible, donne lieu à des ondulations continuelles et qui sont *nuisibles*, non-seulement parce qu'elles varient continuel-

lement la forme obtenue pour la bobine, mais parce qu'elles altèrent la stabilité
du métier. Sous ce rapport, il est bon de monter cette machine dans un réz-de-
chaussée. Nous comprenons qu'on monte quelquefois une tétière sur une grande
pierre d'assise établie dans le sol, mais il serait infiniment avantageux aussi de
commander au constructeur trois longerons en fonte destinés à rejoindre les
extrémités des patins et des pieds de bascule ou de porte-cylindres. Nous nous
sommes souvent étonné de ne point voir le filateur offrir au constructeur quelques
francs de plus pour qu'il fasse cette excellente addition à la machine qu'il lui
commande, tandis qu'il déploie quelquefois dans la construction du bâtiment
destiné à la recevoir et dans l'affermissement de son sol, un luxe de construction, avantageux sans doute, mais qui absorbe un gros capital dont une partie,
détournée au profit de la machine, augmenterait la somme des excellentes choses
produites par ce capital.

148. La tétière arrive ordinairement presque entièrement montée de l'atelier
de construction, lorsque ce dernier ne se trouve pas dans un pays lointain.

Quand les porte-cylindres, la tétière, les patins, le chariot, les broches et les
baguettes sont ajustés et parfaitement de niveau, on procède au réglage des
mouvements généraux : la main-douce, les scroles, les mécanismes distributeurs.
Ensuite, amenant les platines de manière à placer la règle en une position correspondant à la formation d'une des couches du corps de la bobine, on vérifie
la course que fait le guide-fil pendant la rentrée du chariot, en faisant mouvoir
le chariot à la main ; si on trouve cette course trop grande ou trop petite, on
varie en conséquence l'inclinaison de la règle. Puis, amenant les platines en leur
position demandée pour la première couche, et le chariot en la position où le
galet du levier de règle est sur l'extrême-point, on règle les rabat-fils de baguette de manière à les poser tous à leur position inférieure de la première
couche (les rabat-fils ne sont fixés que par des vis de pression), puis on règle les
rabat-fils de la contre-baguette, puis les ressorts et les charges des deux baguettes. Tout cela fait, on met la machine en train avec du fil et on complète le
réglage des différents organes spéciaux pendant la première levée. Nous n'en-
trons pas dans tous les détails de ce réglage, parce que nous en avons largement
traité pour chaque organe, en temps et lieu, dans le cours de notre ouvrage. Nous
ferons seulement observer que la machine doit pouvoir être réglée dans ses
parties sans qu'aucune de ces opérations de réglage ne nécessite un grand et
long démontage, et qu'il faut que celui qui manie ou règle la machine ait la faculté de régler entre certaines limites la loi de *chacun* des mouvements qu'elle
doit effectuer. Quoique ce ne soit pas toujours là le moyen d'avoir la plus grande

simplicité dans une machine, il est incontestable que c'est souvent le moyen d'arriver à la plus grande précision de ses différentes parties. Dans beaucoup de systèmes, les combinaisons sont entachées de cet inconvénient que les différents organes peuvent être affectés dans leurs mouvements par le changement de l'un d'eux ; c'est un grand inconvénient qui nécessite, pour ne pas être nuisible, une grande attention de la part du régleur de la machine. — La commande des opérateurs se fait ordinairement par une série de roues intermédiaires en *tête de cheval*, permettant de faire plus facilement les *rechanges*. On a des pièces de rechange pour les commandes des cylindres et main-douce, pour la roue commandée par le barillet, pour le barillet, pour le pignon qui commande le renvideur, pour les rochets de règle, pour le pignon qui commande l'*arbre de retour* des poulies motrices, pour la roue qui commande les scroles, pour la poulie de torsion qui est dans le châssis, pour la poulie de torsion de la grande tétière ou poulie de volée, pour la roue qui commande l'arbre des tambours quand cet arbre n'est pas le prolongement de l'arbre des broches, enfin pour le compteur.

Des coulisses sont ménagées convenablement dans tous les organes susceptibles d'être avancés, reculés, élevés, abaissés, allongés, raccourcis, pendant le réglage. — Les organes à grande résistance sont fixés sur leurs arbres par goupilles ou clavettes ; les vis de pression ne doivent s'employer que pour les organes susceptibles d'être souvent réglés et n'ayant que de faibles résistances à vaincre.

149. Les mécanismes qui composent la tétière sont tous assujettis au même système de bâti, de manière à se trouver indépendants, quant à leurs axes, de toute influence d'élasticité. Les métiers que l'on construisait autrefois étaient extrêmement renforcés, c'étaient des machines puissantes, dans lesquelles se remarquaient des arbres très gros et plusieurs organes dont les proportions faisaient deviner de grandes résistances à vaincre ; cela était ainsi pour des métiers de 400 broches, et cependant des métiers mull-jenny de cette taille étaient mus par des fileurs, et il paraissait étonnant que des résistances si considérables fussent à vaincre dans les tétières automates destinées à remplacer ces fileurs : c'est que dans ces métiers, 1° des organes faisant peu de chemin commandaient des organes devant faire beaucoup de chemin ; de là de grands bras de levier, des multiplications de vitesse, des efforts considérables sur les organes premiers moteurs contenus dans la machine, et par suite, de grandes proportions ; 2° toutes les précautions discutées dans le chapitre précédent et qu'il faut prendre dans l'établissement des organes distributeurs, n'étaient pas prises, de là des accidents nombreux donnant lieu à des ruptures ; de là aussi des conflits de mouvements

périodiques qui, se trouvant inévités, demandaient des organes très forts et accrois-
saient considérablement la force motrice nécessitée par la machine. Le fileur,
lui, ne décrit pas un petit chemin pour en commander un grand, et il ne donne
pas lieu à des conflits de mouvement. — Pour un même travail produit par un
organe, les efforts sont en raison inverse des chemins ou vitesses. — C'est ce
principe qu'on a appliqué aujourd'hui pour la commande des mouvements dans
le métier automate : on a donné une grande vitesse de rotation aux poulies motrices, des vitesses successivement moindres aux organes intermédiaires, et l'organe opérateur (sauf la broche qui, elle, est légère) a eu la moindre de toutes ces
vitesses. Toutes choses parfaitement entendues et combinées, la tétière devient
aujourd'hui une machine légère, dans laquelle les organes ont des dimensions
réellement proportionnelles aux résistances qu'éprouverait un fileur, et dans
laquelle on met les forces simultanées en concours au lieu de leur permettre
des conflits.

150. L'expérience est seule guide pour la limite supérieure de la vitesse de
la machine, ainsi que pour les vitesses relatives avec lesquelles les différentes
périodes d'une aiguillée s'effectuent ; cela dépend des puissances vives mises en
jeu, des précautions prises pour arrêter ces puissances vives au passage d'une
période à la suivante ; ainsi le dépointage ne peut s'opérer très vite, à cause de
la puissance vive des tambours qui doit être brusquement consommée au début
de la quatrième période. On conçoit cependant que la précaution d'une friction
momentanée agissant sur les tambours à la troisième évolution, pourrait permettre l'accroissement de la vitesse du dépointage. La durée d'une aiguillée est
variable suivant le numéro du fil, mais pour une même levée, elle est un peu
plus grande au commencement qu'à la fin, à cause de la quantité variable de
dépointage, laquelle est soumise à la longueur variable de l'aiguille.

Ce qu'il y a de très nuisible à la bonne marche, au bon réglage et à la production d'un métier automate, c'est la variation continuelle de la vitesse du moteur ; variation qui peut provenir des résistances irrégulières du métier, quand
le moteur ne commande pas d'autres machines encore, de résistance totale à peu
près constante.

Chaque partie du métier doit fonctionner avec la plus grande vitesse *possible*
pour que la production atteigne son maximum ; *quand cette vitesse est trop grande,
le métier se dérange*. Il faut donc, quand le mouvement moteur est très irrégulier, pour produire le plus et pour éviter des perturbations dans le métier,
régler ce dernier comme si le moteur avait toujours son maximum de vitesse.
Dans ces conditions, la production réelle du métier est à ce qu'elle devrait être

comme la vitesse moyenne du moteur est à sa vitesse maximum. Aussi, avec un moteur irrégulier la production d'un métier automate est-elle jusqu'à 2, 3 fois moindre que ce qu'elle pourrait être avec un moteur régulier.

151. Nous conseillons à celui qui veut apprendre à régler un métier automate donné, de se mettre d'abord en mémoire tout ce qui entre dans le système de ce métier et de discuter préalablement toutes les chances d'accident que ce système présente; sans quoi il pourra lui arriver ce qui arrive à beaucoup de contre-maîtres, trop empressés de rejeter sur le système de la machine les torts qui leur appartiennent; c'est qu'il perdra son sang-froid en face d'un accident et que, s'il ne corrige pas ce qui n'est pas à corriger et n'aggrave pas par là les défauts, il pourra lui arriver de passer cent fois en revue les diverses parties de la machine sans trouver la cause de l'accident.

152. Les têtières des métiers automates ordinaires, sont plus ou moins longues; il en est de 2^m80 jusqu'à trois 3^m80; moins elles sont longues, mieux cela vaut, mais il est difficile de leur donner moins de 3^m.

La complication des mouvements enlève, dans la plupart des métiers, la faculté de commander les poulies motrices par en dessous.

On ne place pas les têtières tout à fait au milieu de la longueur du chariot, parce que l'on veut que deux machines placées en regard n'aient pas leurs têtières bout à bout; de cette manière les têtières peuvent être plus longues et cependant ne pas gêner le passage des ouvriers et ne pas forcer à écarter davantage les machines l'une de l'autre. La têtière a ordinairement 1 mètre de largeur et on peut compter 1^m10 d'intervalle entre les premières broches des deux ailes du chariot. On établit alors les ailes de façon que l'une ait 1 mètre de plus que l'autre, ce qui fait que pour deux machines placées vis-à-vis, les deux axes, ou lignes moyennes, des deux têtières sont distancés de 2 mètres.

Quant à la longueur de la machine et par suite, pour un même écartement de broches, au nombre de broches qu'on peut donner à une machine, il dépend évidemment de la bonne construction du chariot, de la légèreté des tambours commandant les broches, de l'inflexibilité des arbres qui transmettent des mouvements depuis la têtière jusqu'aux extrémités du métier, du bon système de guides employé pour maintenir le parallélisme du chariot.

Il existe, filant en numéros 28, 30, 36, 40, des métiers de 800 jusqu'à 1,500 broches qui fonctionnent bien; ces métiers, par cela même qu'ils sont grands, doivent produire un peu moins par broches, mais apportent, au dire de tous leurs possesseurs, de notables réductions dans la main-d'œuvre et dans la force motrice nécessaire à un même nombre de broches. Nous allons inscrire ici les données et proportions principales d'un métier automate ordinaire ayant une aiguillée de 1ᵐ56 à 1ᵐ60; un écartement de broches de 33 à 38 $^m/_m$; faisant des bobines de 20 à 35 $^m/_m$ de diamètre, de 150 $^m/_m$ de longueur maximum, et faisant des numéros de fil de 8 à 60.

Le diamètre des broches varie de 6 à 11 $^m/_m$.

Le nombre de tours des poulies motrices, par minute est de 345 environ.

Le diamètre des mêmes poulies est admis de 345 $^m/_m$ à peu près.

Nous croyons inutile de parler des vitesses qu'ont la sortie du chariot et les cylindres étireurs dans les différents cas; cette question étant déjà du ressort des mull-jenny, et nous supposons que tous nos lecteurs savent parfaitement établir des systèmes de roues avec une série de rechanges permettant de donner au chariot et aux cylindres toutes leurs vitesses désirées pour les différents numéros; nous en dirons autant du calcul des poulies de volée, des poulies de châssis et du compteur. D'ailleurs nous avons fait (111), à l'égard des vitesses et diamètres des tambours et des noix, toutes les observations qui nous paraissent utiles au lecteur.

Nous avons dit (27) comment on calcule les barillets.

La série des roues commandant le dépointage, depuis la deuxième poulie motrice jusqu'à la première, doit se calculer de manière que les broches, *en admettant la friction dans l'impossibilité de glisser* et tous les mouvements de détour bien en train, fassent de 250 à 350 tours par minute.

Les roues commandant l'arbre des scroles doivent, en supposant tout glissement nul et le mouvement indéfini, faire de 40 à 55 tours par minute lorsque les scroles ont à faire 4 tours pendant la quatrième période. Ou, plus généralement, les roues de scroles et les scroles doivent être calculés de façon que le mouvement de chariot, étant prolongé pendant une minute, décrive de 15,6 à 21,4 mètres.

Les rabat-fils de baguette ont un rayon de 150$^m/_m$.

Les contre-baguettes ont leurs rabat-fils de 200$^m/_m$.

Les arbres de baguette ont 25 à 30$^m/_m$ de diamètre pour des métiers de 500 à 1,500 broches.

Les arbres de contre-baguette, dans les mêmes cas, ont de 22 à 28$^m/_m$.

L'arbre des broches à 32$^m/_m$ de diamètre.

S'il y a des tambours verticaux, leur arbre de commande a 25$^m/_m$.

L'arbre de couche des mains-douces a 32$^m/_m$.

Il est à remarquer que, pour les grands métiers, on peut ne renforcer les arbres que dans la première moitié de chaque aile.

L'arbre des poulies motrices a 38$^m/_m$.

L'arbre des scroles, 34$^m/_m$.

L'arbre de retour des deux poulies motrices, 38$^m/_m$ de diamètre.

Le lecteur sait proportionner les roues aux diamètres et vitesses des arbres; nous dirons en passant que les roues établies sur l'arbre de retour ont un pas de 18$^m/_m$ et une largeur de 35 à 45$^m/_m$; que les roues d'angle de scroles, supposées dans le rapport de 1 à 3 lorsque les scroles font 4 tours, ont des diamètres de 85 et 255$^m/_m$, et que leurs dents ont un pas de 22$^m/_m$ et une largeur de 45 à 55$^m/_m$.

La courroie motrice a 75$^m/_m$ de largeur.

Les cordes de scroles, 20 à 25$^m/_m$ de diamètre.

Les cordes de main-douce, 12$^m/_m$.

Le lecteur saura calculer toute disposition, en partant de ces bases qui sont des données d'expérience.

Le nombre de couches d'une bobine de fil numéro 28 à 30, ayant 150$^m/_m$ depuis l'origine jusqu'au dernier sommet, 32$^m/_m$ de diamètre au corps, est de 900 à 1,000. Nous avons déjà dit à quelles lois de proportionnalités obéissent les nombres de couches, suivant les dimensions des bobines et suivant les numéros du fil qui les compose (46).

Le lecteur sait, avec ces données, calculer la vis qui commande les platines et calculer les différents rochets nécessaires pour les différents numéros de fil que l'on peut faire sur un métier avec de mêmes platines.

153. La production d'un métier automate varie de 4 à 6 1/2 décagrammes en numéros 28, 30 (chaine), et de 3 à 5 1/4 décagrammes en trame 36, 38; la vitesse des broches étant de 4,500 tours au moins, et de 6,500 au plus.

154. Les frais de main-d'œuvre varient d'une localité à l'autre.

Nous avons vu dans l'usine de MM. Haussmann, Jordan, Hirn et Cie, des métiers de 820 broches dont les frais de main-d'œuvre en numéros 27/29 sont les suivants : Deux métiers, face à face, emploient un fileur, deux rattacheurs et deux bobineurs. — Il s'agit de *chaine*.

Main-d'œuvre du fileur . . . . 0^{fr} 031   par kilog.

Pour une production de quinzaine, de 1,160 kilog. sur les 1,640 broches des deux métiers, le fileur a une prime. . . . . . . 4^{fr} 00

24 jours de rattacheur, à 1 fr. 10 c. . 26 40

A reporter. . . . . 30^{fr} 40   0^{fr} 031   par kilog.

Report. . .	30 fr. 40	0 fr. 031 par kilog.
Prime des rattacheurs	2 00	
Prime de présence	0 38	
24 jours de bobineur, à 0 fr. 70 c. . .	16 80	
Prime des bobineurs.	2 00	
Frais éventuels	51 fr. 38 ; soit : 0 0443	
Total de la main-d'œuvre. . .		0 fr. 0753 par kilog.

Pour de la trame le prix s'établit pareillement, sauf pour la main-d'œuvre du fileur qui est alors de 0 fr. 036 par kilogramme.

D'après les expériences de M. A. Hirn, la force motrice exigée par un métier automate de 800 broches, — et quand ce métier est bon et bien réglé, pur de conflits et de parties tordues, ployées, mal entretenues, — est de 37 à 40 pour 100 supérieure à celle que prendraient des mull-jenny pourvus en total d'un égal nombre de broches.

Dans une filature de numéros ordinaires comme celle de MM. Haussmann, Jordan, Hirn et Cie du Logelbach, 1 cheval de 75 kilogrammètres meut 281 broches de mull-jenny ou 205 broches de métier automate.

155. Les prix des métiers automates sont très variables, suivant les constructeurs, les pays, les transports, etc. La têtière coûte de 1,200 à 1,600 francs, et les broches de 6 à 7 francs en France, ce qui fait que les prix varient, pour des métiers de 500 broches, de 8 fr. 40 c. à 10 fr. 20 c. par broche

600	8	00	9 66
700	7 .	71	9 28
800	7	50	9 00
1,000	7	20	8 60
1,200	7	00	8 33
1,500	6	80	8 06

Nous donnons surtout ces chiffres pour faire voir comment se calcule le prix d'un métier automate.

La durée des métiers automates bien construits doit être la même que celle des mull-jenny; l'expérience seule le prouvera, car il n'y a pas plus de huit à dix ans que des métiers automates fonctionnent dans quelques établissements à *l'entière* satisfaction de leurs propriétaires.

156. Le filage des gros numéros comporte de grosses broches et de grosses bobines; les fils cassés doivent être promptement rattachés, sans quoi, au bout de

quelques aiguillées, le renvidage de ces fils est mou à cause des grandes marches de couche déjà exécutées, et la bobine perd toute consistance au point où a eu lieu la rupture.

Pour filer des numéros fins sur les métiers automates, il faut que le métier ne fasse pas éprouver au fil-fait, pendant aucune opération, des tensions irrégulières; il faut que le chariot rentre doucement, atteigne le porte-cylindres sans choc et ne fouette pas; il faut que le renvidage soit presque parfait, c'est-à-dire que la réserve ne subisse pas de variations qui fassent osciller fortement la contre-baguette et, par suite, accroître, à certains moments, les charges de contre-baguette des résistances que l'inertie de ces charges oppose à leurs oscillations; il faut que la contre-baguette, en même temps, ne prête pas grande résistance par le frottement dans ses coussinets, afin que cette résistance inégale ne puisse pas entrer en considération dans la détermination des charges.

Nous avons développé bien des causes de vrilles; il est clair que la vrille est le résultat d'un rapprochement entre deux points d'un fil, rapprochement qui donne lieu à de la mollesse; on comprend que plus le fil est fin pour un même rapprochement, plus facilement se forme la vrille; il faut donc prêter une attention toute particulière aux opérations de l'empointage et du dépointage pour les numéros fins. Nous renvoyons à l'étude de ces deux opérations.

Pour filer et renvider en canettes toutes les matières textiles qui se renvident aussi sur mull-jenny, la laine, la soie, le lin, le chanvre, etc., les broches sont plus ou moins grandes, plus ou moins écartées, les aiguilles sont plus ou moins longues, mais le lecteur saura facilement appliquer à ces matières tous les principes que nous avons discutés; les chiffres que nous avons donnés supposent des métiers à filer pour le coton.

157. On a fait un système de métier automate dans lequel le porte-cylindres seul était en mouvement, et le chariot était fixe; ce système, qui n'est pas difficile à concevoir *à priori*, s'employait pour le *retordage*.

De nombreuses automatisations partielles ont été faites dans les mull-jenny; ainsi nous avons vu des mull-jenny dans lesquels la rentrée du chariot était commandée par des scroles et dans lesquels les mouvements de baguette, de rotation de renvidage, de dépointage et d'empointage étaient commandés à la main; d'autres auxquels était appliqué un système de règle sur lequel le fileur appuyait un levier de liaison pendant la rentrée du chariot. — Beaucoup de métiers ont été faits, dans lesquels le dépointage seul se faisait à la main. Enfin, on a essayé d'appliquer aux mull-jenny des mécanismes destinés à les automatiser, mais il est évident que ces dernières dispositions sont nécessairement plus compliquées qu'une têtière complète combinée dès sa création avec les autres parties du métier, et dans laquelle toutes les parties sont appropriées l'une à l'autre pour le mieux.

Nous avons expliqué (56) comment on pourrait établir *un continu* pour faire des canettes; la grande difficulté de ces machines est dans la résistance continuellement variable que le fil éprouve de la part de la bobine. — Il faudrait trouver un bon moyen de commander encore la rotation de la bobine. — On n'a pas encore trouvé une solution praticable de ce problème, mais nous croyons qu'un continu de ce genre ne luttera jamais pour l'économie de force motrice, la production et peut être même l'économie des frais de main-d'œuvre, avec un métier automate bien établi de 1,000 broches.

On a fait des *trameuses*, autrement dit des bobinoirs faisant des bobines de trame, ou bobines en *canettes*. La vitesse de rotation des broches étant constante, le principe de la machine est simple. Nous laissons aux exercices du lecteur le soin de combiner et de discuter les diverses manières d'établir une trameuse.

158. Bien des perfectionnements sont encore à faire dans les métiers à filer automates, les *mécanismes de baguette et de contre-baguette, l'empointage et le dépointage;* nous signalons ces objets comme ayant le plus besoin de perfectionnement.

159. Nous conseillons, enfin, à celui qui veut se rendre compte de tout ce qui se passe dans le métier automate, de relever expérimentalement la coupe des bobines qui se forment devant ses yeux. Voici (fig. 102), pour ce relevé expérimental, un petit appareil fort commode : A B représente une planche à dessin; L C une pièce de bois perpendiculaire à la planche et fixée sur cette dernière; D E une broche fixée à la pièce L C et parallèle, par son axe, à la planche; F une feuille de papier collée sur cette planche; K un petit plateau mobile triangulaire et bien dressé; J *h* une tige verticale en biseau fixée perpendiculairement à l'extrémité *h* du plateau K. Nous appellerons, si l'on veut, ce dernier petit instrument, *projecteur*. — Une bobine I étant mise sur la broche E, nous faisons glisser le plateau du projecteur sur le plan A B, de manière que sa tige soit toujours en contact avec la bobine I et, en même temps, appliquant la pointe d'un crayon à l'extrémité *h*, nous traçons, sur le papier F, par points, la projection orthogonale du contour de la bobine. Après cela, nous dévidons un certain nombre de couches et nous recommençons la même opération sur la tête seulement; puis nous dévidons de nouveau le même nombre de couches

et nous opérons une nouvelle projection; et ainsi de suite jusqu'à l'entier dévidage de la bobine, dont la section se trouve alors représentée.

160. Nous avons dit, au numéro 112, qu'au commencement de la sortie du chariot, il faudrait que les cylindres tournassent d'abord lentement, puis plus vite, attendu que le premier centimètre de sortie du chariot ne correspond, géométriquement, qu'à 3 ou 4 millimètres de débit de fil-fait; que le second correspond à 4 ou 5; que les suivants correspondent à plus jusqu'à ce que l'égalité entre la vitesse de débit des cylindres et celle de la sortie du chariot puisse être admise sans inconvénient. — On saisit aisément que pour diminuer ce manque de rigueur, tout en laissant aussi grand qu'il le faut, au début de la sortie du chariot, l'angle de la broche et du fil-fait, il est nécessaire de diminuer autant que possible, à l'exemple de **Platt**, la différence de niveau qui existe entre les étoiles et le point débit des cylindres. — Nous avons dit aussi (112), que le défaut de corrélation entre le mouvement des cylindres et celui des broches, au commencement de la sortie du chariot, entrainait des excès de fil et, par suite, des vrilles; que, pour parer à cet inconvénient, on avait établi un retard de l'embrayage des cylindres sur celui des mains-douces par un mécanisme fort ingénieux qui a le grand tort de côtoyer les coupures. — *N'est-il pas évident que la solution du problème se trouverait dans un mouvement plus lent et successivement accéléré des cylindres, au début de la sortie du chariot?* Ce mouvement, quoique difficile à bien établir, n'est pas cependant impossible, et nous serions heureux de le voir se réaliser.

Cela posé, parlons d'une innovation assez curieuse qui semble avoir le double mérite de résoudre ce problème et d'augmenter la production du métier. *On a imaginé de faire débiter, par les cylindres, quelques centimètres de fil, pendant la rentrée du chariot.*

Pendant la sortie du chariot, la torsion est inégalement répartie dans le fil-fait : vers les étoiles le fil est beaucoup plus tordu que vers les cylindres, et c'est pour permettre à cette torsion de se répartir sur toute l'étendue du fil-fait qu'on a institué la torsion supplémentaire. *Cette répartition est complétée par l'action de la contre-baguette, qui pendant la rentrée du chariot, en appuyant sur le fil-fait, refoule une partie de la torsion, en excès d'un côté, vers le porte-cylindres.*

Faire débiter du fil par le porte-cylindres, pendant la rentrée du chariot, c'est évidemment diminuer cette action régularisatrice, à moins qu'on ne puisse prouver que le refoulement de la torsion, est trop grand. Et nous croyons que ce refoulement est à peine suffisant.

Comment la production de fil, pendant la rentrée du chariot, peut-elle avoir de l'influence sur les vrilles? Le voici : Si le défaut de corrélation que nous avons signalé au début de la première période, entre les cylindres et la sortie du chariot, amène des vrilles; c'est qu'il y a excès de fil, nous l'avons déjà dit. Que faut-il faire pour supprimer les vrilles et permettre néanmoins cet excès de fil? Il faut faire qu'au commencement de la sortie du chariot le fil-fait soit si peu tordu qu'il ne se vrille plus avec un peu d'excès de fil, et c'est ce à quoi l'on arrive avec l'innovation dont il s'agit.

Il est donc parfaitement clair que le filateur sacrifie la régularité du fil à la supression des vrilles du début de la première période, et que, comme compensation, il a une augmentation de production. Mais n'arriverait-il pas au même résultat en supprimant la torsion supplémentaire ?

Qu'on veuille bien examiner l'effet de cette innovation au tissage, faire des expériences comparatives entre un métier ordinaire, un métier avec cette innovation, et un métier sans torsion supplémentaire, et l'on sera sans doute d'accord avec nous, qu'il vaut mieux chercher à donner au début du mouvement des cylindres une vitesse plus lente et s'accroissant, ou au début du mouvement de sortie du chariot, une vitesse plus grande et décroissant, que d'adopter la production de fil pendant la quatrième période, laquelle n'est qu'un expédient qui ne nous séduit pas plus pour son accroissement de production que la suppression de la torsion supplémentaire.

Nous croyons donc que, *sauf le cas où le refoulement de torsion serait trop grand, pendant la quatrième période*, l'innovation dont on fait tant de bruit en ce moment sera abandonnée, malgré l'augmentation de production par laquelle elle séduit chacun, dès qu'on aura donné aux cylindres ou au chariot le mouvement variable dont nous avons parlé.

Quant aux mécanismes au moyen desquels on peut faire tourner un peu les cylindres pendant la rentrée du chariot, nous ne les décrivons pas, le lecteur les conçoit facilement.

FIN

TABLE DES MATIÈRES

PREMIÈRE PARTIE

I

LE MÉTIER A FILER MANUEL ET LE MÉTIER AUTOMATIQUE.

II

DÉFINITIONS ET CLASSIFICATIONS.

III

ÉLÉMENTS DE LA DISPOSITION GÉNÉRALE D'UN MÉTIER AUTOMATE DE PARR-CURTIS, PRIS COMME EXEMPLE.

IX

LA RÈGLE OU GUIDE EN PARTICULIER.

X

SIMILITUDES GÉOMÉTRIQUES DANS LES BOBINES EN CANETTES.

XI

LA SUPERPOSITION DES COUCHES ET LES PLATINES.

XII

LA CONTRE-BAGUETTE, LA BAGUETTE ET LE RÉGLAGE MÉCANIQUE DU SECTEUR.

XIII

L'EMPOINTAGE ET LE DÉPOINTAGE.

DEUXIÈME PARTIE

XIV

MÉCANISMES DIVERS DU MÉTIER AUTOMATE.

XV

ÉTUDE DES ORGANES OU MÉCANISMES MOTEURS.

XVI

ÉTUDE DES ORGANES OU MÉCANISMES DISTRIBUTEURS.

XVII

LE MÉTIER A FILER AUTOMATE DE PARR-CURTIS ET CELUI DE PLATT.

XVIII

GÉNÉRALITÉS FINALES.

ERRATA

Page 10, ligne 11, au lieu de (noie), lisez (noix).
— 18, — 2, au lieu de (porte-cylindres), lisez (porte-broches).
— 20, — 23, au lieu de (en V'), lisez (en U').
— 31, — 7, 8, 9, au lieu de (S R), lisez (2 Π S R).
— 36, — 24, au lieu de $\left(\dfrac{D\,E'}{a\,E}\right)$, lisez $\left(\dfrac{D\,E'}{a\,D}\right)$.
— 46, — 16, au lieu de (sera égale), lisez (sera à peu près égale).
— 100, — à côté du numéro 88, mettez (figure 66).
— 110, — 2, 3, au lieu de (charot), lisez (chariot).
— 134, — 12, au lieu de (vis de pression), lisez (vis de pression ordinaire).
— 168, — 37, au lieu de (G), lisez (G²).

Paris. — Typographie de Ch. Meyrueis et Cie, rue des Grès, 11.

PUBLICATIONS INDUSTRIELLES DE E. LACROIX

TRAITÉ THÉORIQUE ET PRATIQUE

DES

MÉTIERS A FILER AUTOMATES

DITS

SELF-ACTING

PAR

ERNEST STAMM

INGÉNIEUR CIVIL

ATLAS

PRIX : 32 FRANCS

PARIS
LIBRAIRIE SCIENTIFIQUE, INDUSTRIELLE ET AGRICOLE DE E. LACROIX, ÉDITEUR
QUAI MALAQUAIS, 15

1862

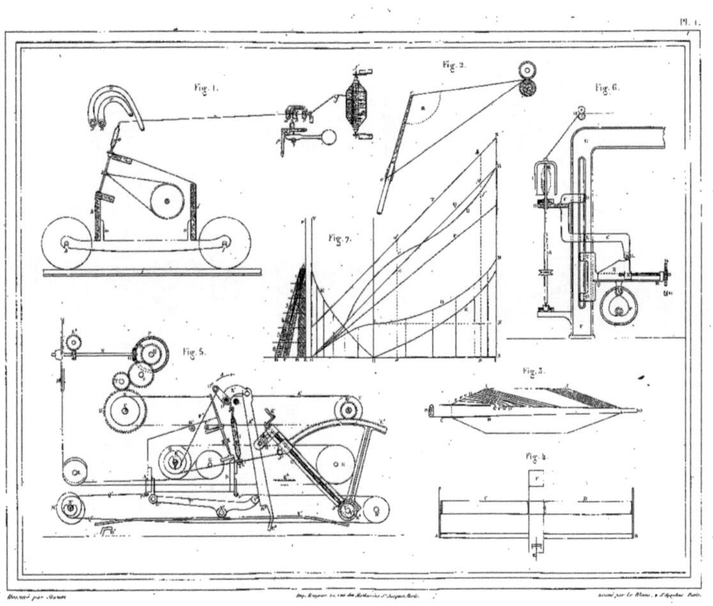

Dessiné par Muret.   Imp. Dupont, 22, rue des Mathurins-St-Jacques, Paris.   Gravé par Le Blanc, r. S'Hyacinthe, Paris.

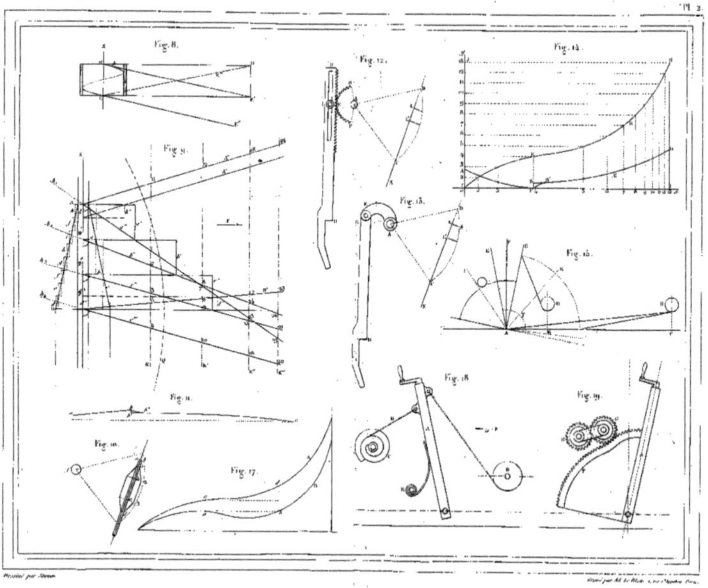

Fig. 8.
Fig. 9.
Fig. 10.
Fig. 11.
Fig. 12.
Fig. 13.
Fig. 14.
Fig. 15.
Fig. 16.
Fig. 17.
Fig. 18.
Fig. 19.
Pl. 2.

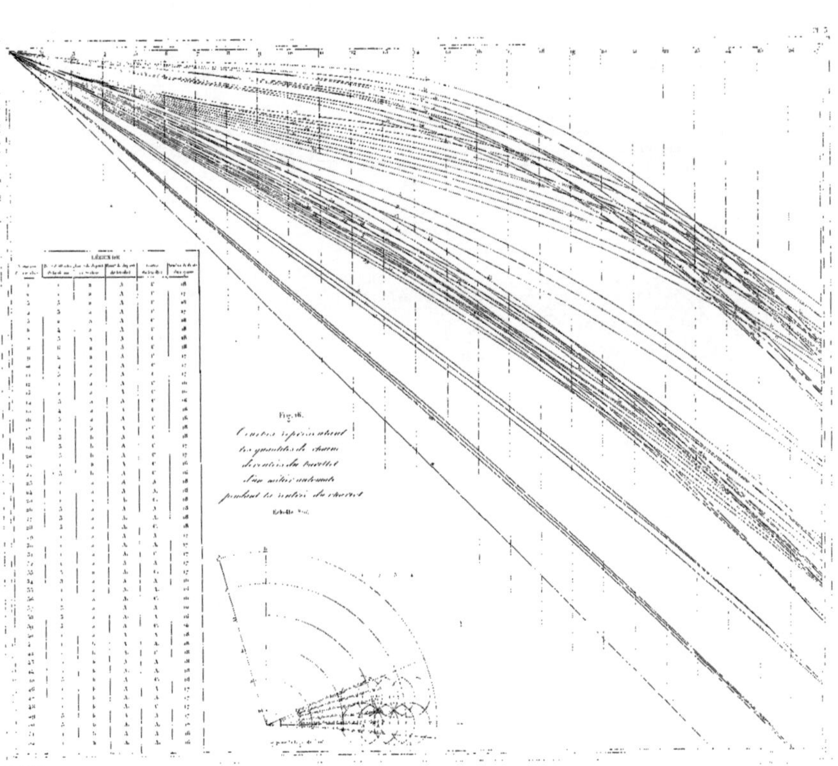

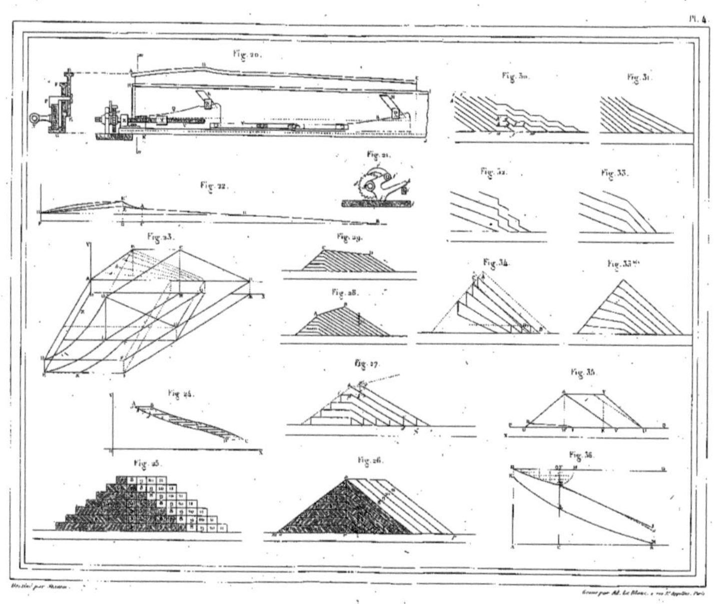

Dessiné par Aurous. — Gravé par Ad. Le Blanc, à Paris.

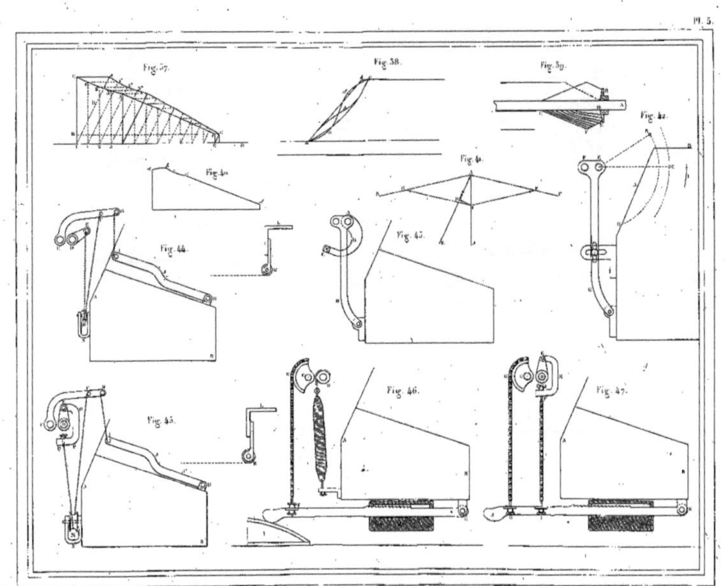

Fig. 37.
Fig. 38.
Fig. 39.
Fig. 40.
Fig. 41.
Fig. 42.
Fig. 43.
Fig. 44.
Fig. 45.
Fig. 46.
Fig. 47.

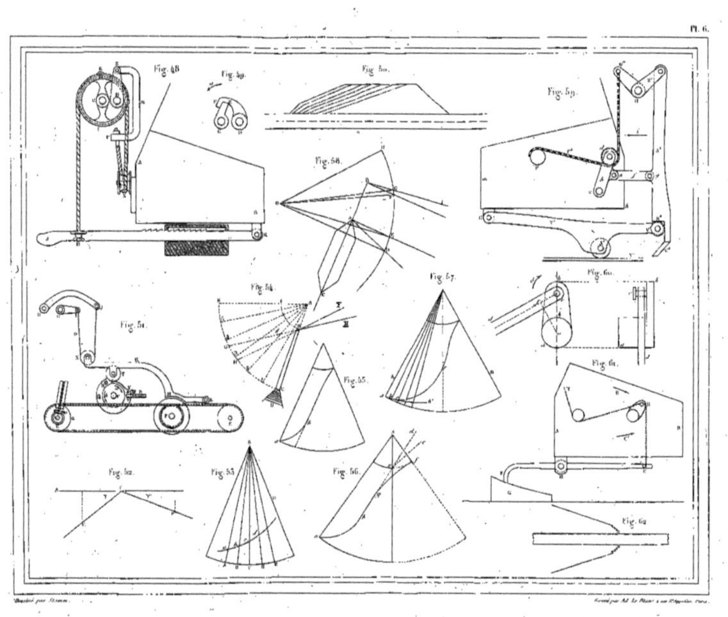

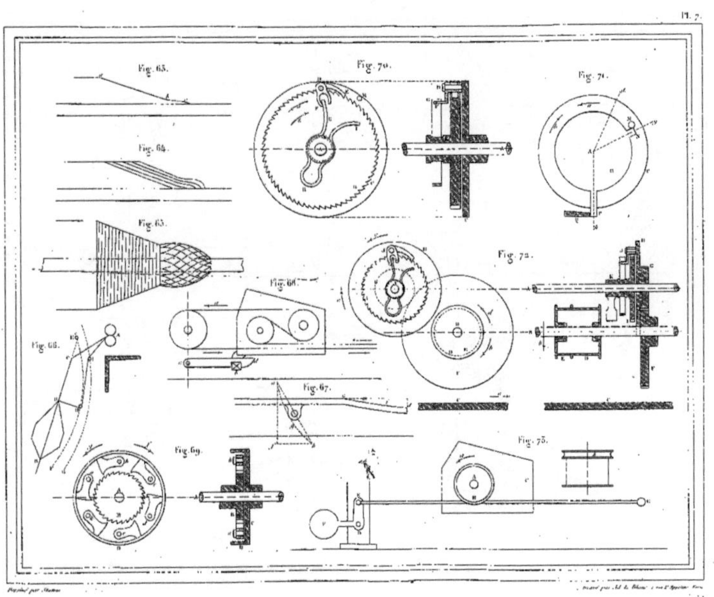
Fig. 63.
Fig. 64.
Fig. 65.
Fig. 66.
Fig. 66.
Fig. 67.
Fig. 69.
Fig. 70.
Fig. 71.
Fig. 72.
Fig. 73.

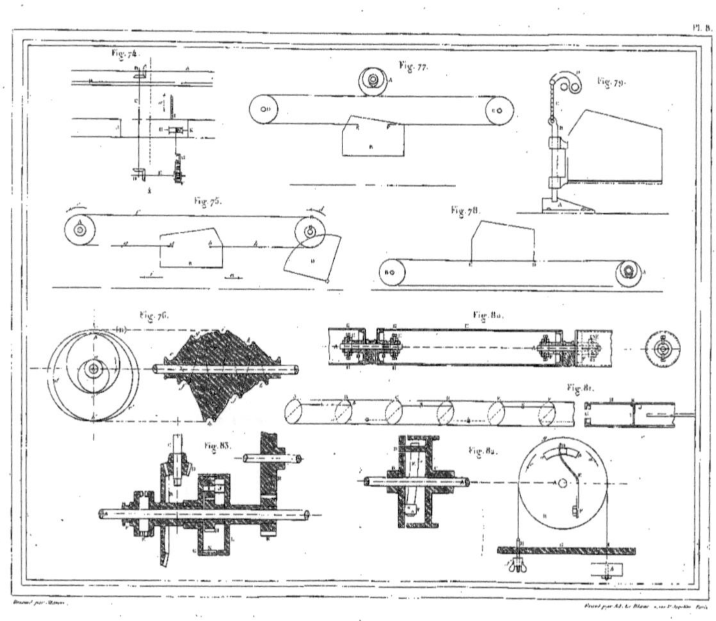

Fig. 74.
Fig. 77.
Fig. 79.
Fig. 75.
Fig. 78.
Fig. 76.
Fig. 80.
Fig. 81.
Fig. 83.
Fig. 82.

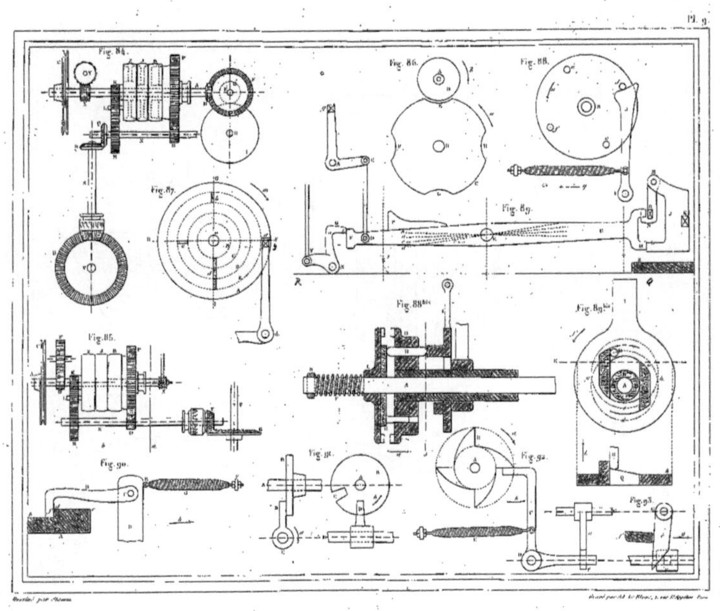

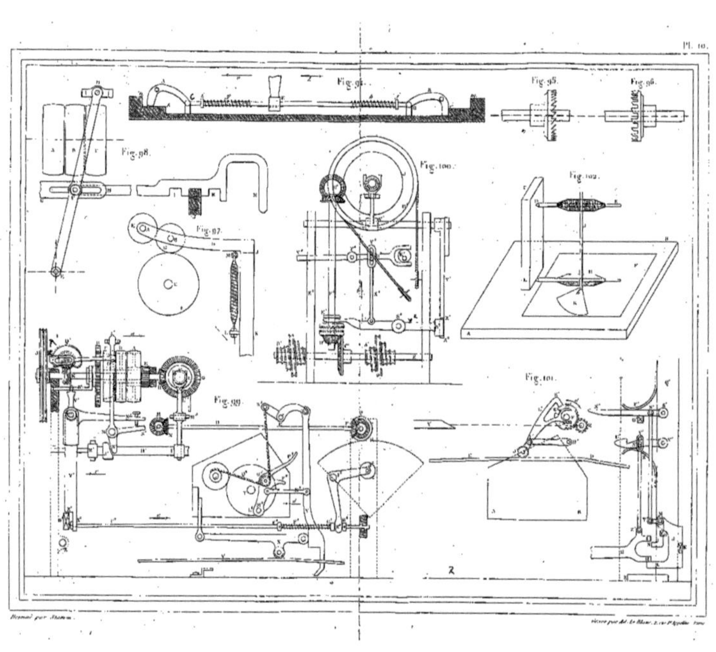

Fig. 94.
Fig. 95.
Fig. 96.
Fig. 97.
Fig. 98.
Fig. 99.
Fig. 100.
Fig. 101.
Fig. 102.
RÉGULATEUR

www.ingramcontent.com/pod-product-compliance
Ingram Content Group UK Ltd.
Pitfield, Milton Keynes, MK11 3LW, UK
UKHW021213140726
13695UKWH00002B/508

9 782016 116203